Rennmäuse verstehen leicht gemacht

Ganz schön neugierig

Rennmäuse sind – sobald sie ihre erste Scheu verloren haben – ganz furchtbar neugierig. Alles Neue wird sofort genau beschnuppert, untersucht, beknabbert und dann ganz und gar in Besitz genommen.

Ganz schön putzig

Rennmäuse sind sehr reinliche Tiere, die sich oft und ausgiebig der Körperpflege widmen. Dabei putzt nicht nur jede Rennmaus sich selbst, sondern die Tiere pflegen sich das Fell auch gegenseitig. Täglich noch ein Sandbad, und die Schönheitspflege ist vollkommen. Praktisch für den Besitzer, der sich hier wirklich nicht um viel kümmern muss.

Dufte Kerlchen

Rennmäuse orientieren sich hauptsächlich mit Hilfe ihres Geruchsinns. Mit Kot, Urin und vor allem dem Sekret aus der Bauchdrüse markieren sie ihr Revier, aber auch die Mitglieder einer Sippe werden am gemeinsamen Duft erkannt.

Wühlmäuse

Genau wie ihre wilden Verwandten buddeln und graben Rennmäuse gerne. Eine möglichst hohe Schicht Einstreu im Käfig, das regelmäßige Sandbad und hin und wieder eine Buddelkiste ermöglichen ihnen diese natürliche Beschäftigung.

Nagen, nagen, nagen

In ihrem Nagetrieb sind Rennmäuse kaum zu bremsen. Deshalb sollte ein Rennmausheim auch unbedingt aus nagesicheren Materialien bestehen. Um den fleißigen Nagezähnen Beschäftigung zu bieten, gehören in den Rennmauskäfig verschiedenste harte Materialien wie Äste, Zweige und Knabberartikel aus dem Zoofachhandel.

Immer in Bewegung

Rennmäuse tragen ihren Namen zu Recht: Sie sind ständig in Bewegung. In der Wildnis ist das überlebenswichtig, um genügend Nahrung zu finden. Am gedeckten Tisch im Käfig muss man sie manchmal ein wenig dazu animieren. Mit einer abwechslungsreichen Käfiggestaltung und immer wieder neuen Spiel- und Turngeräten gelingt das aber leicht.

Körnchen für Körnchen

Der Hauptnahrungsbestandteil der Rennmäuse besteht aus feinen Körnern und
Sämereien. Frei lebend sind die Tiere viele
Stunden des Tages damit beschäftigt,
genügend Futter zu finden. Und auch als
Heimtiere dürfen sie sich ruhig ein bisschen anstrengen: Das Futter muss nicht
unbedingt im Napf serviert werden, sondern darf im ganzen Käfig versteckt sein.

Feinschmecker

Rennmäuse sind eigentlich sehr genüg-
same Tiere. Doch um gesund zu bleiben,
benötigen sie eine ausgewogene und
abwechslungsreiche Ernährung. Neben
Körnerfutter mögen sie fast alles, was
Obstkorb und Gemüsebeet zu bieten
haben. Und gegen die eine oder andere
Leckerei ab und zu haben sie natürlich
auch nichts einzuwenden.

Gute Freunde

Rennmäuse sind keine Kuscheltiere, werden ihrem Besitzer aber durch ihr interessantes
Verhalten und ihr zutrauliches, neugieriges Wesen viel Freude bereiten. Viele Rennmäuse
sind von Natur aus eigentlich schon zahm, Sie müssen sie nur noch an sich gewöhnen.

Inhalt

2

Ernähren und Pflegen 35

3

Verstehen und beschäftigen 55

Service 70

Kaufen und versorgen

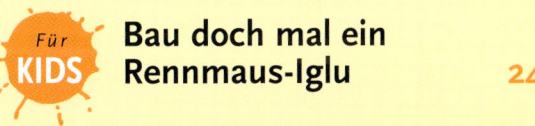

Auf einen Blick

Siegeszug der flinken Flitzer

Rennmäuse sind in den letzten Jahren als Heimtiere immer beliebter geworden. Dennoch gibt es in den Zoofachgeschäften verhältnismäßig wenige Futtersorten, Käfige oder anderes Zubehör zu kaufen, welches genau auf die Bedürfnisse der Rennmäuse abgestimmt ist. Rennmausbesitzer müssen sich daher recht gut mit den Tieren auskennen, um aus dem großen Sortiment für andere Nager das Richtige auszuwählen. Dieses Buch hilft Ihnen, von Anfang an alles richtig zu machen, und es gibt auch dem fortgeschrittenen Rennmausfreund immer wieder neue Tipps und Anregungen für eine artgerechte Tierhaltung.

Rennmaus – Maus oder nicht?

Was den Namen betrifft, so galten Rennmäuse lange als kleine Hochstapler, denn sie wurden zu den Wühlern gezählt. Nach der aktuellen zoologischen Systematik sind Rennmäuse aber doch Mäuse. Sie gehören zwar nicht zu den echten Mäusen, wie die Hausmaus, aber zur Familie der Landschwanzmäuse. Bei den Tieren, die in den Zoofachgeschäften angeboten werden, handelt es sich meistens um die Mongolische Rennmaus. Zu den Rennmäusen gehören aber viele weitere Rennmausarten, insgesamt mehr als zehn Gattungen mit über 160 Arten.

Ihre neugierige Art und ihr zutrauliches Wesen machen Rennmäuse so beliebt.

Rennmäuse werden zu zweit oder in kleinen Gruppen gehalten.

Die Mongolische Rennmaus

Die Mongolische Rennmaus, die mit Abstand am häufigsten als Heimtier gehalten wird, heißt wissenschaftlich *Meriones unguiculatus* und gehört somit zur Gattung Meriones. Als echte Gerbils bezeichnet man die Tiere, deren wissenschaftlicher Name mit Gerbillus beginnt und die somit zur Gattung Gerbillus gehören. Aber auch für alle anderen Rennmäuse wird der Name Gerbil immer häufiger benutzt. Alle Angaben in diesem Buch – soweit nicht explizit anders angegeben – beziehen sich immer auf die Mongolische Rennmaus.

Herkunft und Geschichte

Die Mongolische Rennmaus stammt aus den Trockensteppen und Halbwüsten Zentralasiens. Als sogenannter Kulturfolger bewohnt sie aber auch Flächen, die der Mensch für die Landwirtschaft nutzt. Sie lebt dort in Kolonien. Nach übereinstimmenden Literaturangaben stammen die meisten der heute als Haus- und Labortiere gehaltenen Rennmäuse von wenigen Tieren ab, die 1935 in der Ostmongolei und der Mandschurei gefangen wurden. Die Nachkommen dieser Tiere wurden in verschiedenen Forschungslaboren gezüchtet und gelangten schließlich über Amerika bis zu uns nach Europa. Heute findet man zunehmend aber auch Nachzuchten von neuen Wildfängen sowie Mischungen aus alten und neuen Zuchtlinien.

Wir Menschen sind den Rennmäusen zu Dank verpflichtet, da viele im Dienst der medizinischen Forschung – vor allem auf den Gebieten der Parasitologie und der Neurologie – ihr Leben lassen mussten. Ein Schicksal, das sie mit vielen anderen Kleinnagern teilen.

Mit artgerechtem Futter bleiben Rennmäuse fit und gesund.

Erfahrungen zum Wohl der Rennmaus

Früher wurden die Tiere oftmals unter irreführendem Namen und mit recht knappen Pflegehinweisen abgegeben, die zumeist aus Forschungslaboren stammten. Doch inzwischen ist die Fangemeinde dieser Tiere schon sehr groß, und entsprechend umfangreich und vielseitig sind auch die Erfahrungen mit der Rennmaus als Heimtier. An den Hinweisen aus der Laborhaltung brauchen wir uns heute nicht mehr ausschließlich zu orientieren. Schließlich sollte es ja auch nicht um eine effiziente, standardisierte Haltung und Vermehrung gehen, sondern es ist viel wichtiger, den Rennmäusen in menschlicher Obhut ein möglichst artgerechtes, glückliches Leben zu ermöglichen, das sich an der natürlichen Lebensweise dieser Tiere orientiert.

Rennmäuse zoologisch

→ **Ordnung:** *Rodentia* (Nagetiere)
→ **Unterordnung:** *Myomorpha* (Mäuseverwandte)
→ **Familie:** *Muridae* (Langschwanzmäuse)
→ **Unterfamilie:** *Gerbillinae* (Rennmäuse)

Ganz schön aufgeweckt
So sind Rennmäuse

Größe und Gewicht

Zunächst einmal ein paar ganz einfache, messbare Daten: Erwachsene Mongolische Rennmäuse haben bei einer Größe von 9 bis 14 cm (ohne Schwanz, der misst noch einmal 9 bis 12 cm) ein Gewicht von 70 bis 110 g, wobei Männchen oft etwas schwerer sind als Weibchen. Ihe Körpertemperatur liegt zwischen von 37,5 und 39 °C.

Bewegtes Leben

Rennmäuse sind tag- und nachtaktiv. Das heißt natürlich nicht, dass sie 24 Stunden am Tag aktiv sind. Zwischendurch halten sie – meist im etwa Zwei-Stunden-Rhythmus – immer wieder ein Schläfchen. Sie haben also keinen festen Lebensrhythmus, der streng zwischen Tag und Nacht unterscheidet.

Lebenserwartung

Die normale Lebenserwartung einer Rennmaus liegt bei etwa zwei bis drei Jahren. Es gibt aber auch Tiere, die fünf und sogar sieben Jahre alt geworden sind. Dies sind jedoch Ausnahmen, an denen man sich nicht orientieren darf. Vielleicht ist die Lebenserwartung der Rennmäuse im Laufe der Jahre, in denen sie als Labortiere gezüchtet wurden, gesunken. Bei echten Wildtieren soll sie etwas höher anzusetzen sein.

Die Lebenserwartung der Rennmäuse erscheint uns vielleicht ziemlich kurz. Man sollte aber immer bedenken, dass sie für Rennmäuse völlig normal ist. Sie können in diesen wenigen Jahren ein ganzes Leben unterbringen: die Jugend, das Erwachsenwerden und die Aufzucht von Jungen. In Wirklichkeit leben die Rennmäuse nicht nur kürzer, sondern vor allem viel schneller als wir. Eindrucksvolle Indizien sind die schnelle Atemfrequenz von 70 bis 120 Atemzügen pro Minute und der rasante Herzschlag von bis zu 600 Schlägen in der Minute. Während unseres normalen Tagesablaufes von 24 Stunden hat eine Rennmaus praktisch schon sechs bis acht Tage hinter sich, wenn man davon ausgeht, dass sie etwa im Zwei-Stunden-Takt schläft und aktiv ist.

Rennmaus-Steckbrief

→ **Lateinischer Name:** *Meriones unguiculatus* („Krieger mit Krallen")
→ **Herkunft:** Trockensteppen und Halbwüsten Zentralasiens
→ **Lebensweise:** in Kolonien, als Heimtier mind. Paarhaltung
→ **Aktivität:** tag- und nachtaktiv, Wach- und Schlafrhythmus ca. 2 Stunden
→ **Farbe:** Wildfarbe Agouti, viele gezüchtete Farbvarianten
→ **Lebenserwartung:** 2–3 Jahre (als Heimtier)
→ **Körperlänge:** 9–14 cm
→ **Schwanzlänge:** 9–12 cm
→ **Gewicht Männchen:** 80–110 g (ausgewachsen)
→ **Gewicht Weibchen:** 70–100 g (ausgewachsen)
→ **Körpertemperatur:** 37,5–39 °C
→ **Atemfrequenz:** 70–120 pro Minute
→ **Herzfrequenz:** 260–600 pro Minute

Rennmäuse sind sehr neugierig. Ein neues Versteck wird sofort genau unter die Lupe genommen.

Familienbande

Die Mitglieder einer Rennmaus-Kolonie sind meistens alle miteinander verwandt. Das gilt nicht nur für frei lebende Tiere, sondern auch für Gruppen in menschlicher Obhut, da sich fremde Rennmäuse – außer man macht sich viel Mühe mit der Eingewöhnung (siehe S. 27) – nicht vertragen. Meistens setzt sich eine Rennmauskolonie aus einem Elternpaar und seinen Nachkommen zusammen. Fremde Rennmäuse werden aus dem eigenen Territorium mit großer Aggressivität vertrieben. Die Mitglieder der Sippe erkennen sich übrigens am Geruch. Auch das Revier wird durch Kot, Urin und Drüsensekret mit Düften markiert. In freier Wildbahn bewohnen die Tiere ein unterirdisches Tunnelsystem, das bis zu 1,5 m tief sein kann. Zu einem solchen Tunnelsystem gehören auch Schlaf- und Vorratskammern. Diese sind besonders wichtig, wenn die Tiere ihren Bau nicht verlassen können, z. B. bei sehr großer Kälte. Einen richtigen Winterschlaf halten die Rennmäuse aber nicht.

Rennmaus-Verwandte und Farbvarianten

Mongolische Rennmäuse gibt es nicht mehr nur in der ursprünglichen Wildfarbe Agouti. Dank eifriger Züchter bekommt man Rennmäuse in immer mehr und ausgefalleneren Farbvarianten wie z. B. Siam, rote Füchse, Hellgrau und Gold. Und auch ihre Verwandtschaft findet immer öfter den Weg in den Zoofachhandel.

Persische Wüstenmaus

Die Persische Wüstenmaus *(Meriones persicus)* lebt nicht nur im Iran, sondern z. B. auch in der Türkei, Afghanistan und Turkmenistan. Sie ist mit 11 bis 13 cm Köperlänge und ca. 10 cm Schwanzlänge größer als die Mongolische Rennmaus und wird fünf bis sechs Jahre alt. Als Hauptfutter bekommen diese Tiere eine etwas gröbere Mischung z. B. aus Hafer, Gerste und wenigen Sonnenblumenkernen, außerdem Frischfutter, z. B. Karotten, und, da sie Allesfresser sind, gelegentlich auch eine Insektenlarve. Persische Wüstenmäuse sind im Gegensatz zu Mongolischen vorwiegend dämmerungsaktiv. Sie werden ebenfalls als Paar oder kleine Gruppe gehalten, benötigen aber aufgrund ihrer Größe einen größeren Käfig mit vielen Beschäftigungsmöglichkeiten

Echte Gerbils

Die Arten der echten Gerbils sind von Nordafrika bis in den Mittleren Osten hinein verbreitet.

Als Beispiel für echte Gerbils sollen hier der Kleine Ägyptische Gerbil *(Gerbillus gerbillus)* und der Große Ägyptische Gerbil *(Gerbillus pyramidum)* genannt werden, die nicht nur in Ägypten, sondern auch in Israel, Libyien, Mali, Sudan, dem Tschad und in Uganda vorkommen. Beide Arten wurden und werden genau wie die Mongolische Rennmaus als Labortiere gehalten und fanden so den Weg auch in die Heimtierhaltung. Die kleinere dieser beiden Arten ist jedoch weniger aggressiv und eignet sich daher besser als Heimtier.

Verwandte der Mongolischen Rennmaus: Kleiner Ägyptischer Gerbil (oben) und Persische Wüstenmaus (unten).

Fettschwanzrennmaus

Auch ein Exot unter den Rennmäusen soll noch kurz vorgestellt werden. Die Fettschwanzrennmaus *(Pachyuromys duprasis)*, die ihrem Namen wirklich alle Ehre macht. Sie hat die Fähigkeit, in ihrem Schwanz Fettreserven anzulegen. Dieser sieht dann etwas unförmig und für manchen Betrachter auch eher unattraktiv aus. Mit ihrem koboldhaften Gesicht und dem seidigen Fell haben diese Tiere aber ihren ganz eigenen Charme.

Farbvarianten

Viel häufiger als ihre Verwandten findet man in den Zoofachhandlungen die verschiedensten Farbvarianten der Mongolischen Rennmaus. Im Gegensatz zu den anderen verwandten Arten gibt es sie inzwischen in einer riesigen Farbenvielfalt. Alle diese Farben und Fellzeichnungen zu beschreiben würde den Rahmen des Buches sprengen. Und oft ähneln sich die Farben auch sehr und können manchmal nur noch von erfahrenen Züchtern unterschieden werden, die auch die Elterntiere und deren Genetik kennen. Niedlich sind sie aber alle und der Rest ist Geschmacksache …

Die eigentlich unsprüngliche Wildfarbe der Mongolischen Rennmäuse nennt man Agouti. So werden Farben bezeichnet, bei denen jedes einzelne Haar mehrfarbig ist. Alle Agoutitiere haben eine helle Unterseite.
Zeichnungs- und keine Farbvarianten sind die Schecken, die es in allen möglichen Farbkombinationen gibt. Ihnen und übrigens auch den rotäugigen Tieren sagt man nach, kurzlebiger und empfindlicher zu sein – was im Einzelfall aber nicht unbedingt zutrifft. Auch sie können ein hohes Alter erreichen.

Ein guter Start
Vertrauen von Anfang an

*Anfangs mag eine Renn-
maus noch etwas scheu
und ängstlich sein, doch
schon bald wird sie aus
ihrem Versteck kommen.*

Rennmäuse wollen nicht geknuddelt werden. Ihre grenzenlose Neugier und ihr lebhaftes Verhalten machen das Kuscheldefizit aber ganz sicher bei weitem wieder wett. Doch bevor Sie sich für Rennmäuse entscheiden, gibt es einige wichtige Dinge zu überlegen.

Kinder- oder Elterntraum?

Rennmäuse sind aufgrund ihres zutraulichen Wesens tolle Haustiere, die sich auch für Kinder sehr gut eignen. Eine bestimmte Altersgrenze ist schwer zu nennen, da Kinder einfach zu unterschiedlich sind. Eltern müssen ganz individuell entscheiden, ob ein Kind genügend Umsicht und Verständnis für die Haltung eines solchen Haustieres hat. Schon kleine Kinder können mit in die Tierhaltung eingebunden werden, z. B. bei der Gestal-

tung des Käfigs und der Fütterung der Tiere. Der direkte Umgang mit den Rennmäusen erfordert aber schon etwas Geschick. Ganz wichtig ist auch die Einsicht in die Bedürfnisse der Tiere. Rennmäuse sind kein Spielzeug, das immer verfügbar ist. Sie brauchen ihre Ruhezeiten. Erwecken Sie den Forscherdrang und bringen Sie Ihren Kindern auch den Reiz des bloßen Beobachtens nahe.

Rennmäuse und andere Heimtiere

Rennmäuse sollten mit anderen Haustieren keinen direkten Kontakt haben. Für andere kleinere Nager können Rennmäuse durchaus eine Gefahr sein, da ihr ausgeprägter Revierinstinkt sie dazu bringt, die vermeintlichen Rivalen erbittert zu bekämpfen. Größere

Sind Sie Rennmaus-fit?

Folgende Fragen sollten Sie in Ruhe bedenken und nach bestem Wissen und Gewissen beantworten.

- ☐ **Habe ich genügend Zeit und bin ich bereit, Tag für Tag für meine Rennmäuse zu sorgen – ihr Leben lang?**

- ☐ **Habe ich genügend Platz in der Wohnung für einen ausreichend großen Käfig, der möglichst ruhig und etwas erhöht stehen sollte?**

- ☐ **Bin ich in der Lage, für alle Kosten aufzukommen – nicht nur für die Grundausstattung, das Futter und die Streu, sondern auch für evtl. anfallende Tierarztbesuche?**

- ☐ **Reagiert keines der Familienmitglieder allergisch auf Tierhaar?**

- ☐ **Habe ich Freunde oder Bekannte, die sich während meines Urlaubs gerne um die Rennmäuse kümmern und diese versorgen?**

Haben Sie alle Fragen mit „Ja" beantwortet? Prima, dann sind Sie reif für die Rennmäuse.

Haustiere, wie z. B. Hund, Katze und Papagei, können dagegen aus Spieltrieb oder Jagdinstinkt den Rennmäusen zum Verhängnis werden. Es ist daher dringend zu empfehlen, das Rennmausheim besonders gut abzusichern, wenn diese Tiere im gleichen Zimmer gehalten werden oder Zugang zu diesem haben.

Wie sag ich's meinem Nachbarn?

Im Gegensatz zu Hund oder Katze brauchen Sie keine gesonderte Erlaubnis vom Vermieter einzuholen, wenn Sie in Ihrer Wohnung Rennmäuse halten möchten. Auch die Nachbarn müssen darüber nicht informiert werden. Rennmäuse gehören zum „vertragsmäßigen Gebrauch" der Wohnung, solange es nur wenige sind und die Mitbewohner nicht belästigt werden, beispielsweise durch Geruch, was aber gerade bei Rennmäusen äußerst selten vorkommt. Wurden im Mietvertrag allerdings bestimmte Klauseln bezüglich der Haustierhaltung festgelegt, so sind diese zu berücksichtigen.

Mit der richtigen Anleitung und etwas Geduld werden Kinder und Rennmäuse bald gute Freunde.

Das ideale Rennmausheim

Wo sollen die Rennmäuse wohnen? Schon einige Tage bevor die Tiere bei Ihnen einziehen, können Sie den Käfig und alles weitere Zubehör besorgen. Berücksichtigen Sie beim Kauf, dass Rennmäuse extrem nagefreudig sind, gerne graben und scharren und einen großen Bewegungsdrang haben.

> *Rennmäuse wollen rennen! Deshalb brauchen sie ein Rennmausheim, das ihnen ausreichend Platz dafür bietet.*

Auf die Größe kommt es an

Rennmäuse rennen wirklich viel und gern – der Käfig darf also nicht zu klein sein. Eine Grundfläche von 3.200 cm² – also z. B. 40 x 80 cm – ist das Minimum für zwei Rennmäuse. Besser ist eine Grundfläche von etwa 4.000 cm² – also z. B. 40 x 100 cm auf der dann auch schon eine kleine Sippe genügend Platz findet. Viel größer sollte ein Rennmausheim aber nicht sein, da sonst gerne einmal Revierstreitigkeiten ausbrechen. Auch hoch genug sollte das Rennmausheim sein: Die Tiere wollen sich aufrichten und springen können, und es muss Platz für eine möglichst hohe Schicht Einstreu und einige Einrichtungsgegenstände sein.

Gitterkäfige

Gitterkäfige sind nur begrenzt zu empfehlen, da die Tiere so stark nagen. Ihrem Nagetrieb fallen mit der Zeit sowohl die Gitterstangen als auch die Kunststoffunterschale zum Opfer – daher regelmäßig kontrollieren. Das Benagen der Gitterstäbe kann außerdem zur monotonen Hauptbeschäfti-

gung der Tiere werden. Ein solches Verhalten kann für Mensch und Tier problematisch werden. Die Rennmäuse zeigen auf Dauer ein verkümmertes Verhaltensspektrum, der Mensch empfindet die starke Geräuschkulisse als nervenaufreibend.

Durch ihren ausgeprägten Bewegungsdrang wird auch immer wieder Einstreu aus der Unterschale nach draußen befördert. Entscheidet man sich für einen Gitterkäfig, sollte man deshalb unbedingt auf eine möglichst hohe Bodenschale achten, so dass die meiste Streu im Käfig bleibt.

Gitterabstand

Wichtig bei der Verwendung von Gitterkäfigen ist aber vor allem, dass die Streben sehr eng stehen. Andernfalls könnten sich die Tiere hindurchzwängen. Dies gilt natürlich besonders für Jungtiere, aber auch für erwachsene Exemplare, die sich durch erstaunlich enge Zwischenräume „quetschen" können. Käfige für Mäuse, Goldhamster oder Zwerghamster haben im Allgemeinen genau den richtigen Abstand zwischen den Gitterstäben, sind für Rennmäuse aber oft zu klein.

Der beste Käfigstandort

Auch der Standort des Käfigs will vor dem Einzug der Tiere genau überlegt sein. Da die Tiere tag- und nachtaktiv sind, kommen Schlaf- oder Kinderzimmer nur in Frage, wenn die menschlichen Bewohner keinen zu leichten Schlaf haben. Die Küche ist wegen der Essensgerüche und der oftmals höheren Luftfeuchtigkeit weniger geeignet. Steht das Rennmausheim im Kinder- oder Wohnzimmer, so sollte man auf zu großen Lärm verzichten – die kleinen Nager haben sehr empfindliche Ohren. Ein Raum, in dem viel geraucht wird, ist ebenfalls ungeeignet. Auch Zugluft muss man vermeiden. Sie können den zukünftigen Standort leicht mit einer brennenden Kerze auf Zugluft überprüfen.

Auf gleichem Niveau

Außerdem sollte der Käfig nicht auf dem Boden stehen. Das erschwert die Kontaktaufnahme zu den Rennmäusen. Wenn man die Tiere immer nur von oben betrachtet, so erscheint man für so kleine Wesen nämlich ziemlich bedrohlich. Würde es das Hineingreifen in den Käfig nicht so erschweren, wäre ein Standort in Augenhöhe am besten. Eine normale Kommode tut es – schon der Bequemlichkeit wegen – aber auch. So kann man die Tiere trotzdem aus unbedrohlicher Position betrachten, wenn man sitzt oder in die Knie geht.

Temperatur

Rennmäuse sind weniger temperaturempfindlich als man denkt. Schließlich ist es in der mongolischen Heimat der Rennmäuse auch nicht immer warm. Dort können sich die Tiere allerdings in ihren unterirdischen Bau zurückziehen, wenn es zu kalt wird. Dann kuscheln sie sich in ihrem gut isolierten Nest aneinander und haben es angenehm warm. In einem Käfig sind die Tiere der Zimmertemperatur dagegen fast schutzlos ausgesetzt. Das Nest

und die Wärme der Artgenossen sind kein vollständiger Ersatz für einen unterirdischen Bau. Daher sollten extreme Temperaturen und starke Temperaturunterschiede vermieden werden. Bei normaler Zimmertemperatur und bei nicht zu hoher Luftfeuchtigkeit fühlen sich die Rennmäuse am wohlsten.

Mehrere Ebenen schaffen in diesem Käfig ausreichend Platz für zwei Rennmäuse.

Nicht nur für Fische

Ein Aquarium als Rennmausheim

Die Haltung in einem Heim aus Glas bringt für die Rennmäuse und den Halter einige Vorteile: Mann kann die Einstreu so hoch einfüllen, dass die Rennmäuse darin ausgiebig graben und scharren können – und trotzdem bleibt alles im Käfig. Man kann die Tiere wunderbar beobachten. Und außerdem bietet die glatte, harte Glasoberfläche keinen Ansatzpunkt zum Benagen.

Terrarien und Aquarien

Terrarien sind aufgrund der guten Durchlüftung das ideale Heim für Rennmäuse. Es ist allerdings zu beachten, dass manche Terrarien Bauteile haben, die von den Nagezähnen der Tiere in Mitleidenschaft gezogen werden können, z. B. die Kunststoffschienen der Schiebetüren und die Lüftungsöffnungen. Daher sollten auch Terrarien regelmäßig auf Beschädigungen untersucht werden.
Eine preiswerte Alternative zu Terrarien sind Aquarien – oft bekommt man

sie gebraucht recht preiswert. Aquarien sind praktisch völlig nagesicher. Die Belüftung klappt allerdings nicht so gut wie bei Terrarien. Da Rennmäuse relativ wenig Urin ausscheiden, bildet sich im Inneren zumindest keine stark erhöhte Luftfeuchtigkeit, wie dies bei anderen Kleinnagern der Fall sein kann. Die Tiere brauchen aber natürlich ausreichend Sauerstoff, daher sollte die Höhe des Aquariums 40 cm besser nicht überschreiten. Ist das Aquarium nicht höher als die schmale Seite der Grundfläche, entstehen keine Belüftungsprobleme.
Auch Terrarien und Aquarien aus transparentem Kunststoff sind ein schönes Rennmausheim, sofern sie keinen Ansatzpunkt zum Benagen bieten.

Abdeckung

Ganz wichtig für Terrarien und Aquarien ist die richtige Abdeckung. Da die Tiere recht hoch springen können, sollte auch dieser Teil des Käfigs nage-

Ideal: Ein Aquarium oder Terrarium als Rennmausheim.

In einem ansprechend gestalteten Aquarium fühlen sich Rennmäuse wohl und lassen sich gut beobachten.

Oben drüber und unten durch: Zur Käfigausstattung gehören Röhren und Klettermöglichkeiten.

sicher sein. Außerdem muss er sich entweder gut verschließen lassen oder so schwer sein, dass er sich nicht öffnet oder herunterfällt, wenn die Tiere dagegenspringen. Dass die Aquarien- bzw. Terrarienabdeckung luftdurchlässig sein muss, versteht sich von selbst.

Marke Eigenbau

Wer ein bisschen handwerkliches Geschick besitzt, kann das Heim für seine Rennmäuse natürlich auch selber bauen. In vielen Büchern über Aquaristik finden sich Bauanleitungen für Aquarien. Der Umgang mit Holz ist den meisten Bastlern jedoch vertrauter und auch aus diesem Material kann man ein schönes Rennmausheim bauen.

Das richtige Material

Für ein selbst gebautes Rennmausheim verwendet man mit Kunststoff beschichtete Spanplatten. Eigentlich ist Kunststoff im Rennmausheim nicht erwünscht, doch großflächige Platten mit einer sehr glatten Oberfläche bieten den scharfen kleinen Zähnen keinen Ansatzpunkt zum Benagen. Aus

solchen Platten baut man einen Kasten, dessen Vorderfront und Oberseite offen bleiben. Mit Hilfe einer eingefrästen Nut oder einer aufgeschraubten Führungsleiste setzt man eine Front aus Glas oder transparentem Kunststoff ein. Die einzelnen Bauteile des Käfigs müssen sehr passgenau sein, kleinere Fugen können mit Silikon verschlossen werden. Darauf achten, dass die Rennmäuse keine Möglichkeit zum Nagen finden. Für die Abdeckung kann aus Holz-, Kunststoff- oder am besten Aluminiumleisten ein Rahmen gebaut werden, den man mit engmaschigem Drahtgeflecht bespannt.

→ *Käfigverbundsystem*

Besonders beliebt bei Rennmäusen sind mehrere Käfige, die mittels Röhren miteinander verbunden sind. Eine solche Konstruktion erfordert allerdings einiges bastlerisches Geschick. Die Tiere zeigen in einem solchen „Verbundsystem" dafür aber besonders emsige Aktivitäten.

Gut gefüllt
Die richtige Einstreu

Rennmäuse buddeln gerne. Deshalb die Einstreu im Käfig möglichst hoch einfüllen.

Rennmäuse wollen scharren, buddeln, graben, wühlen – und dafür brauchen sie die richtige Einstreu in möglichst großer Menge. Als Einstreu eignen sich verschiedene Materialien.

Für eine Haltung, die der natürlichen Lebensweise am nächsten kommt, wird ein Material verwendet, das es den Tieren ermöglicht, tiefe, stabile Gänge und Kammern zu graben. Dies wäre z. B. eine Mischung aus Sand und Lehm. Für einen Anfänger ist diese Art der Haltung jedoch etwas schwierig. Um eine gewisse Stabilität zu haben, muss das Material etwas feucht sein. Dadurch kann im Käfig aber ein feuchtkaltes Klima entstehen, das für die

Rennmäuse schädlich ist. Zudem ist die Beschaffung hygienisch einwandfreien Materials oft schwierig und man kann eine solche Einstreu auch seltener wechseln, was die Hygiene ebenfalls nicht ganz einfach macht.

Kleintierstreu

Am häufigsten verwendet und sicherlich auch am praktischsten ist – vor allen für Rennmaus-Neulinge – eine handelsübliche Kleintierstreu aus feinen Holzspänen. Ungeeignet sind Sägemehl und durchweg sehr grobe Holzspäne. Sägemehl staubt zu stark und wird von Mensch und Tier eingeatmet, was Reizungen der Atemwege auslösen kann. Außerdem haftet es an den Tieren, den Wänden des Terrariums und an anderem Zubehör. Wenn die Tiere intensiv graben, wirbelt eine dichte Staubwolke auf.

Grobe Sägespäne eignen sich für die Nagerhaltung vor allem wegen der schlechten Saugfähigkeit nicht so gut. Bei Rennmäusen ist dies allerdings aufgrund der geringen Urinmengen nicht ganz so nachteilig wie bei anderen Kleinnagern.

Strohpellets

Für die Kleintierhaltung gibt es außerdem Einstreu aus pelletiertem Stroh oder Hanf. Für viele Tiere, z. B. Zwergkaninchen, ist diese recht gut geeignet. Auch für Rennmäuse kann man diese Art der Einstreu verwenden. Allerdings ist sie für die kleinen Tiere recht grob, sie können darin nicht so gut graben. Verwendet man diese Einstreu, braucht man auf jeden Fall zusätzlich ausreichend Nistmaterial, also Heu oder Ähnliches.

Sand und Torfmull

Außerdem kann man als Einstreu auch Sand verwenden. Dieser nimmt jedoch weniger Flüssigkeit auf und muss daher unter Umständen öfter ausgewechselt werden. Zudem kann Sand das Glas des Terrariums zerkratzen. Da Rennmäuse zur Fellpflege in Sand baden, sollte man ihnen aber unbedingt regelmäßig welchen zur Verfügung stellen (siehe S. 46).
Früher wurde in der Kleintierhaltung gelegentlich auch Torfmull eingesetzt. Dieser ist aus verschiedenen Gründen aber nicht zu empfehlen. Zunächst ergibt sich ein ähnliches Staubproblem wie bei Sägemehl. Außerdem enthält Torfmull oft eine gewisse Restfeuchte, die zu einer hohen Luftfeuchte im Rennmausheim führen kann.

Empfehlenswert

Kleintierstreu aus feinen Holzspänen ist also die beste Wahl. Obenauf gibt man noch etwas Heu und/oder Stroh. Dieses wird von den Tieren auf vielfältige Weise genutzt. Es dient dem Nestbau und wird gefressen. Außerdem kann man darin herrlich Gänge bauen, zumindest so lange, bis die scharfen Nagezähne alles klein gehäckselt haben und die ganze Pracht in sich zusammenfällt. Man kann die Art der Einstreu auch von Mal zu Mal wechseln. Das verschafft den Tieren Abwechslung und gibt dem Halter Gelegenheit, die Tiere im Umgang mit den unterschiedlichen Materialien zu beobachten.

Nistmaterial

Da sich sowohl weibliche als auch männliche Rennmäuse Nester bauen, sollte man auf jeden Fall für geeignetes Nistmaterial sorgen. Heu und Stroh ist sehr gut geeignet und reicht manchen Tieren schon aus. Zusätzlich kann man aber auch ungefärbtes Küchenpapier oder Papiertaschentücher geben. Diese werden von den Tieren in kleinere Stücke zerbissen und dann ins Nest getragen. Auch zernagte Pappe von Papprollen oder ähnliches unbedenkliches Material wird gerne für den Nestbau verwendet.

Ein Sandbad und Heu als Nistmaterial gehören unbedingt mit in das Rennmausheim.

Von Häuschen, Napf & Co.

Näpfe und Tränken

Für die Rennmaushaltung braucht man nicht unbedingt Futternäpfe. Man kann das Futter auch einfach im Käfig verstreuen. So gehen die Tiere gleich einer natürlichen und artgerechten Beschäftigung nach, nämlich der Futtersuche. In der Natur bekommen die Tiere ihr Futter ja auch nicht in einem Napf vorgesetzt. Da die Einstreu aufgrund der geringen Urinmengen der Rennmäuse ziemlich trocken ist, ergeben sich daraus auch keine hygienischen Probleme. Ein Futternapf hat zudem den Nachteil, dass er von den Tieren sehr schnell verscharrt wird. Vorteil eines Futternapfes ist allerdings, dass man einen besseren Überblick über die verbrauchten Futtermengen hat. Man merkt z. B. schneller, wenn die Tiere nicht richtig fressen. Will man aus diesem Grund auf einen Futternapf nicht verzichten, so stellt man ihn am besten leicht erhöht, z. B. auf einige flache Steine oder das Schlafhäuschen. Das Gleiche gilt auch für einen Wassernapf. Soll ein Wassernapf verwendet werden, muss auch er etwas erhöht stehen, damit das Wasser nicht in Kürze unbrauchbar ist.
Für Wasser- und Futternapf gilt, dass sie aus schwerer Keramik und selbstverständlich standfest sein sollten. Es eignen sich auch Metallgefäße. Kunststoffnäpfe haben im Rennmausheim dagegen nichts zu suchen. Sie werden in kürzester Zeit zernagt.

Stellen Sie den Futternapf etwas erhöht auf einen Stein, dann wird er nicht so schnell mit Einstreu zugescharrt.

Auch wenn Rennmäuse nicht viel trinken, gehört eine Trinkflasche doch unbedingt mit zur Grundausstattung.

Trinkflasche

Für die Wasserversorgung ist eine Trinkflasche am besten geeignet. Das Wasser bleibt darin sauber und wird nicht verscharrt. Wohnen die Rennmäuse in einem vergitterten Käfig, so ist die Anbringung ganz einfach. Die Flasche hängt außen, und nur das Trinkröhrchen ragt in den Käfig hinein. Schwieriger ist es mit der Anbringung in einem Terrarium oder einem Aquarium. Man kann eine nagefeste Flasche an der Abdeckung aufhängen. Noch besser geeignet sind kleine Trinkflaschen, die in einer dicken Holzröhre stecken, aus der nur das Trinkröhrchen herausschaut. Diese Flaschen sind prima für Rennmäuse geeignet. Man muss nur darauf achten, dass sie kippsicher stehen.

Schlafhäuschen

Ein Schlafhäuschen sollte nicht fehlen, obwohl manche Rennmäuse es nicht im eigentlichen Sinn benutzen. Tiere, die noch etwas scheu sind, nutzen es gerne als Rückzugsmöglichkeit. Das eigentliche Nest wird oftmals ganz woanders aufgeschlagen.

Ein Häuschen aus Holz wird von den Tieren vielleicht irgendwann völlig zernagt. Aber auch nagesichere Materialien wie Keramik oder Stein sind geeignet. Wichtig ist, dass Häuschen aus solchen schweren Materialien sehr sicher stehen und nicht umstürzen können.

Geeignetes Gestaltungsmaterial

Um das Rennmausheim möglichst abwechslungsreich, natürlich und phantasievoll zu gestalten, finden Sie im Zoofachhandel oder auch draußen in der Natur viele geeignete Materialien. Steine gibt es z. B. beim Aquarienzubehör. Aber auch Steine aus dem Garten oder dem Baumarkt und sogar Ziegelsteine und Lochziegel erfüllen ihren Zweck. Sie sind sinnvoll als erhöhter Sandort für den Futternapf, und außerdem können sich die Tiere daran ihre Krallen wetzen. Da Rennmäuse auch schwere Steine untergraben können, ist es wichtig, diese nicht einfach oben auf die Einstreu zu legen, sondern direkt auf den Käfigboden.

Röhren

Jede Art von Röhren und Tunneln werden von Rennmäusen heiß geliebt. Im Zoofachhandel gibt es Holzröhren, die aber wie alles Holzzubehör nur eine begrenzte Lebensdauer haben. Längerfristig kann man dagegen Keramikröhren nutzen. Oder man nimmt einfach Papprollen. Die werden zwar noch schneller zerlegt, lassen sich aber auch entsprechend kostengünstig ersetzen.

Äste und Zweige

Äste und Zweige, vorzugsweise von ungespritzten Obstbäumen, bereichern ebenfalls den Lebensraum der Rennmäuse. Sie werden – je nach Dicke – von den Tieren komplett zernagt. Dies befriedigt nicht nur den Nagetrieb und beschäftigt die Tiere, sondern versorgt sie auch noch mit einigen wertvollen Mineralien und Spurenelementen. Dickere Äste können die Tiere als Ausguck nutzen, wobei man bedenken muss, dass ihre Kletterfähigkeit als eigentlich bodenbewohnende Tiere nicht sehr ausgeprägt ist.

Laufrad

Ein Laufrad wird von vielen Kleinnagern als Möglichkeit zur Bewegung angenommen, ist für Rennmäuse aber nicht unbedingt nötig. Sollten Sie sich für ein Laufrad entscheiden, wählen Sie ein Modell, an dem sich die Tiere nicht verletzen oder gar Beine oder Schwanz einklemmen können. Am besten eignet sich eine große, offene Trommel, die aber nicht aus Kunststoff sein darf.

Rennmäuse lieben alles, in das man hineinkriechen kann.

Bau doch mal ein Rennmaus-Iglu

Deine Rennmäuse werden sich über diesen coolen Unterschlupf riesig freuen.

Das brauchst du

→ einen Luftballon
→ eine Rolle weißes, unparfümiertes Klopapier
→ etwas Wasser
→ eine Schere

1. Aufpusten

Puste den Luftballon auf, bis er ungefähr einen Durchmesser von 15 cm hat. Dann knote ihn gut zu.

2. Rundherum bekleben

Nun reißt du Stücke vom Klopapier ab, tauchst sie in das Wasser und klebst sie rund um den Ballon. Das untere Stück mit dem Knoten bleibt frei. Mach so rundherum immer weiter, bis der Ballon von einer richtig dicken Papierschicht umgeben ist und seine Farbe nicht mehr durchschimmert.

3. Trocknen lassen

Nun lässt du den beklebten Ballon – am besten über Nacht – gut trocknen. Die Papierschicht muss ganz hart werden. Wenn man darauf klopft, klingt es fast wie Gips.

4. Ballon entfernen

Nun schneidest du mit einer Schere den Knoten des Ballons ab. Die Luft entweicht und du kannst die leere Ballonhülle ganz einfach herausziehen. Übrig bleibt eine feste, unten offene Kugel aus hart gewordenem Klopapier.

5. Zurechtschneiden

Nun musst du mit deiner Schere das Iglu nur noch zurechtschneiden. Schneide etwa entlang der dicksten Stelle der Kugel einmal gerade rundherum, so dass das Iglu gut steht. Jetzt nur noch eine Tür hineinschneiden,

Die optimale Rennmaus-WG

Es kann nicht oft genug erwähnt werden, dass Rennmäuse niemals allein gehalten werden sollten. Wo auch immer Sie Ihre neuen Mitbewohner erwerben, nehmen Sie kein einzelnes Tier. Es würde regelrecht verkümmern. Es sollten also immer mindestens zwei Tiere gehalten werden.

Familienbande

Damit sich die Tiere vertragen, nimmt man am besten Tiere aus der gleichen Sippe, also Wurfgeschwister oder Eltern mit ihren Jungen. Möchte man keinen Nachwuchs bekommen, so kann man auch nur Weibchen oder nur Männchen halten. Die Tiere müssen jedoch aus einer Familie stammen, andernfalls gibt es heftigen und vielleicht sogar tödlichen Streit.

„Aus einer Familie" bedeutet in diesem Fall, dass sie auch immer zusammen gehalten wurden. Werden Tiere aus einer Familie für einige Zeit getrennt, so entfremden sie sich und erkennen sich nicht wieder. Setzt man sie dann wieder zusammen, so ist die Reaktion wie bei einem völlig fremden Tier. Schon einige Stunden der Trennung können genügen, die Rennmäuse einander fremd werden zu lassen.

Nur zu zweit sind Rennmäuse glücklich!

Wer mit wem?

Wer nicht züchten möchte, der sollte sich zwei – oder mehr – Tiere von gleichem Geschlecht aussuchen. Ob das nun Weibchen oder Männchen sind, ist eher unwichtig, beide vertragen sich ähnlich gut untereinander. Wie das Geschlecht der Rennmäuse bestimmt wird, lesen Sie auf Seite 50.

Die Single-Rennmaus

Die Rennmaus ist nicht dafür geschaffen, ein Leben als Einzelgänger zu führen. Hat man aus irgendeinem Grund dennoch ein einzelnes Tier, so braucht es besondere Zuwendung. Zwar kann der Mensch einen Artgenossen niemals wirklich ersetzen, aber man sollte versuchen, die Haltung eines Einzeltieres mit intensivem Kontakt und vielen Beschäftigunsmöglichkeiten so abwechslungsreich wie möglich zu gestalten. Oder Sie wagen sich an das Abenteuer, eine neue Maus zur „alten" zu gesellen.

Fremde Rennmäuse

Fremde Jungtiere werden bald zusammengesetzt, nachdem sie entwöhnt wurden, auf jeden Fall noch vor der Geschlechtsreife. Dann funktioniert es meist noch völlig problemlos. Denn Jungtiere haben noch keinen ausgeprägten Eigengeruch und zeigen auch noch kein Revierverhalten. Doch dieses Glück hat man selten und so muss man, wenn man zwei fremde Mäuse aneinander gewöhnen will, mit viel Fingerspitzengefühl vorgehen. Denn ein Kampf zwischen zwei fremden Rennmäusen kann durchaus tödlich ausgehen.

Der Nase nach: Rennmäuse erkennen sich gegenseitig am Geruch.

Auf neutralem Boden

Am besten lernen sich zwei fremde Tiere auf neutralem Boden kennen. Keinesfalls darf man ein Tier einfach in den Käfig eines anderen setzen – der Alteingesessene würde sein Territorium bis aufs Blut verteidigen.

Möglichst Geruchsneutral

Für das erste Treffen richtet man deshalb erst einmal einen extra Käfig ein. Ein schon gebrauchter Käfig wird sehr gründlich gereinigt, notfalls und ausnahmsweise auch mit duftenden Reinigungsmitteln, die den Eigengeruch der Tiere überdecken. Alte Einrichtungsgegenstände aus Holz oder poröser Keramik können erst mal nicht verwendet werden, da an ihnen der Geruch zu hartnäckig haftet.

In so einen Käfig kann man dann zwei fremde Rennmäuse setzen. Es sollten ruhig etwas weniger Versteckmöglichkeiten vorhanden sein als üblicherweise. Bieten Sie den Tieren vor allem keinen Unterschlupf an, in den sie sich zum Kämpfen zurückziehen können – Sie müssen immer die Möglichkeit haben, die Tiere im Auge zu behalten und sie notfalls auch zu trennen. Für Jungtiere reichen diese Vorkehrungen oft schon aus. Bei erwachsenen Rennmäusen oder etwas schwierigen Jungtieren verwendet man heute meist zwei andere Methoden zur Gewöhnung.

Gemeinsam, aber getrennt

Zur langsamen Gewöhnung trennt man den Käfig durch ein Gitter in zwei gleich große Bereiche. Für einige Tage leben die Tiere nun also im gleichen Käfig, aber dennoch getrennt. Nach jeweils ein bis zwei Tagen tauschen die Mäuse die Bereiche. So gewöhnen sie sich an den Geruch des anderen Tieres. Wichtig ist es, die Reaktionen bei Begegnungen am Gitter zu beobachten. Zeigt sich keine Aggression kann man eine hautnahe Begegnung riskieren.

Auf engstem Raum

Ungewöhnlich, aber durchaus sehr Erfolg versprechend, ist die Kleinraummethode. Hier begegnen sich zwei fremde Rennmäuse zunächst auf sehr engem Raum, z. B. in einer Transportbox. Meist konzentrieren sich die Tiere dann zunächst darauf, einen Ausgang zu suchen, sie scharren und graben und versuchen nach oben zu klettern oder zu springen. Die Begegnung mit der neuen Maus wird oft zur Nebensache und allmählich gewöhnt man sich aneinander. Entscheidend bei dieser Methode ist vermutlich, dass auf so engem Raum keine Revierstreitigkeiten ausbrechen. Und nach und nach vermischen sich die Gerüche der fremden Mäuse zu einem neuen Sippengeruch. Aber auch diese Methode kann einige Tage benötigen.

> → **Im Auge behalten**
>
> Auf jeden Fall müssen zwei Rennmäuse, die sich gerade erst kennenlernen, über mehrere Stunden hinweg genau beobachtet werden. Anfängliche Gleichgültigkeit kann plötzlich doch noch in eine wilde Beißerei umschlagen.

Die optimale Rennmaus-WG |

So finden Sie Ihre Rennmäuse

Dichtes Fell, glänzende Augen, neugieriger Blick – so sieht eine gesunde Rennmaus aus.

Das Rennmausheim ist fertig eingerichtet, nun können endlich die neuen Bewohner einziehen. Doch wo bekommt man gesunde Tiere? Und wie transportiert man sie sicher und wohlbehalten nach Hause?

Rennmäuse kaufen

Die meisten Rennmäuse werden im Zoofachhandel gekauft. Aber auch professionelle oder Hobbyzüchter geben Tiere an Privatpersonen ab. Hier hat man den Vorteil, dass auch die Elterntiere besichtigt werden können, so dass man sich davon überzeugen kann, dass die Rennmäuse aus einer gesunden Zuchtlinie stammen. Züchter können auch das Geschlecht sicher erkennen und haben immer nützliche Tipps. Außerdem möchte ich erwähnen, dass es auch Rennmäuse gibt, die im Tierheim landen. Hier warten viele auf ein neues, artgerechtes und dauerhaftes Zuhause. Auch bei privaten Rennmaushaltern, die versehentlich ein Pärchen erwischt haben, gibt es manchmal unerwarteten und eher unerwünschten Nachwuchs, der eine neue Bleibe sucht. Bevor man also Rennmäuse in einer Zoohandlung erwirbt, lohnt es sich, einmal darüber nachzudenken, ob man nicht solche Tiere zu sich nimmt, die aus irgendeinem Grund ganz dringend ein neues Zuhause suchen.

Futterumstellung

Fragen Sie den Händler, Züchter oder Vorbesitzer unbedingt, wie die Tiere bisher ernährt wurden. Wollen Sie anderes Futter verwenden, so können Sie eine langsame und schonende Umstellung vornehmen. Zu diesem Zweck werden beide Futtersorten gemischt und dabei von Tag zu Tag der Anteil des neuen Futters erhöht. Nach etwa einer Woche kann dann ausschließlich das neue Futter gegeben werden.

Hauptsache gesund

Das Wichtigste bei der Auswahl ist natürlich, dass man gesunde Tiere erwirbt. Die Rennmaus, die sich am leichtesten aufnehmen lässt, ist nicht unbedingt die zutraulichste, sondern könnte auch krank sein. Aus Mitleid darf man sich nicht zum Kauf hinreißen lassen. Einerseits sollte ein Händler natürlich nur gesunde Tiere anbieten, andererseits könnte der Stress beim Transport und die Gewöhnung an eine neue Umgebung einem schon erkrankten Tier buchstäblich den Rest geben und daher mehr schaden als nutzen.

Eine gesunde Rennmaus

→ macht flinke Bewegungen.
→ hat ein sauberes Fell, vor allem um Augen, Nase, Maul und After.
→ besitzt ein dichtes Fell.
→ atmet ohne hörbare Geräusche.
→ hat einen geraden Rücken.
→ ist unverletzt und hat keine Wunden.

Umzug ins neue Zuhause

Für den Heimtransport sind die im Zoofachhandel üblicherweise benutzten Pappschachteln nur dann geeignet, wenn der Weg sehr kurz ist. Dauert der Heimweg länger als ein paar Minuten, verwendet man lieber eine richtige

Eine Schachtel ist schnell durchgenagt; eine stabile Transportbox ist wesentlich sicherer.

Transportbox. Andernfalls muss man sich, zu Hause angekommen, womöglich erst mal damit beschäftigen, die Rennmäuse im Auto wieder einzufangen, denn einen Pappkarton haben sie in Windeseile durchgenagt. Achten Sie – vor allem im Winter – darauf, dass die Rennmäuse auf dem Nachhauseweg keinen starken Temperaturschwankungen ausgesetzt sind und keinen Zug bekommen.

Vertrauter Geruch

In die Transportbox gibt man etwas Streu und Heu. Nimmt man diese aus dem bisher von den Tieren bewohnten Käfig, so fühlen sie sich durch den gewohnten Geruch sicherer. Außerdem rutschen sie im glatten Transportbehälter nicht so sehr. Eine Transportbox kann man auch später noch sinnvoll nutzen, z. B. um die Tiere darin unterzubringen, wenn man den Käfig reinigt oder mit ihnen zum Tierarzt muss.

Eingewöhnung im neuen Zuhause

Endlich sind sie da – die neuen Rennmäuse! Doch nun braucht es erst einmal zwei Dinge: viel Ruhe für die Rennmäuse und ein wenig Geduld. Denn vermutlich werden sich die Tiere anfangs erst einmal in eine sichere Ecke, also z. B. in das Schlafhäuschen, zurückziehen. Doch normalerweise dauert es nicht lange, bis sie beginnen, ihr neues Zuhause zu erkunden.

Auf Entdeckungstour

Lassen Sie der Rennmaus Zeit, dann kommt sie bald von alleine neugierig aus ihrem Versteck.

Vor allem Kindern fällt es in der ersten Zeit oft schwer, geduldig zu sein. Die Tiere brauchen aber unbedingt einige Tage Zeit, um sich an die neue Umgebung zu gewöhnen. In dieser Zeit sollte man sie nur füttern und ansonsten in Ruhe lassen. Doch bereits nach kurzer Zeit wird sich Ihre Geduld auszahlen: Bald schon strecken die Rennmäuse das erste Mal neugierig die Nase aus ihrem Versteck strecken. Und nicht lange, dann laufen sie aufgeregt umher, schnüffeln herum und fangen an zu scharren, zu fressen und alles Erreichbare zu beknabbern.

Freundschaft schließen

Ihrem Wesen nach sind Rennmäuse eigentlich schon zahm. Man muss sie also nicht im eigentlichen Sinne zähmen, sondern nur an sich gewöhnen. Ihr zutraulicher Charakter und ihre große Neugier machen aber auch das recht einfach.

Liebe geht durch die Nase

Das wichtigste Sinnesorgan der Rennmaus ist die Nase. Es ist daher wichtig, dass die Rennmäuse sich an den menschlichen Geruch gewöhnen. Ein

hilfreicher Tipp: Benutzen Sie vor dem Kontakt mit den Rennmäusen keine stark duftenden Seifen, Parfüms oder Ähnliches. Zur ersten Kontaktaufnahme mit den Tieren legt man einfach seine Hand in den Käfig. Vermeiden Sie dabei jede hastige Bewegung. Wenn man die Hand nun einfach ruhig im Käfig lässt, so wird sich die erste Rennmaus bald neugierig nähern und sie beschnuppern. Jetzt müssen Sie wieder Geduld haben und sich möglichst ruhig verhalten. Keinesfalls darf man zu schnell versuchen, die Tiere zu greifen. Das würde das erste Vertrauen wieder zerstören. Der Instinkt der Rennmäuse sagt ihnen, dass alles, was von oben kommt und versucht, nach ihnen zu greifen, ein Raubtier ist. Sie reagieren daher auf solche Bewegungen ganz instinktiv ängstlich.

Auf die Hand
Wenn die Tiere keine Angst vor der Hand mehr zeigen, kann man sich vorsichtig bewegen, z. B. ein wenig in der Einstreu scharren, so wie die Rennmäuse es tun. Früher oder später werden die Tiere auch von alleine auf die Hand steigen und schon ist es möglich, dass man sie hochnimmt und trägt. Eine kleine Leckerei auf der Hand kann als Bestechung hilfreich sein, ist aber meistens nicht nötig.

Rennmäuse beißen selten
Unter Umständen werden die Tiere, wenn sie sich der Hand vorsichtig nähern, auch einmal versuchen, daran zu knabbern. Dann darf man nicht erschrecken oder unüberlegte hastige Bewegungen machen. Normalerweise ist es wirklich nur ein vorsichtiges Knabbern. Rennmäuse beißen äußerst selten. Mit dem vorsichtigen Knabbern versuchen die Tiere, Kontakt aufzunehmen und festzustellen, was das für ein Ding ist, das sich da in ihrem Revier breitmacht. Rennmäuse begegnen dem Menschen nicht aggressiv, wie sie es bei einem fremden Artgenossen machen würden. Ihr Verhalten ist eigentlich immer durch große Neugierde und ein erstaunliches natürliches Zutrauen geprägt. Gerade diese Verhalten macht sie zu so tollen Heimtieren und erleichtert nicht nur das Kennenlernen, sondern auch den täglichen Umgang mit ihnen.

Mit Geduld und etwas Futter als Bestechung kann man Rennmäuse recht schnell an sich gewöhnen.

Grundausstattung für Rennmäuse

Wohnen

Zwei Rennmäuse fühlen sich in einem Käfig, einem umgebauten Terrarium oder Aquarium mit einer Grundfläche von mindestens 40 x 80 cm wohl. Das Rennmausheim sollte so hoch sein, dass sich die Tiere gut aufrichten können. Ein Gitterkäfig muss einen engen Gitterabstand haben. Eine möglichst hohe Bodenschale ist von Vorteil, da man hier viel Streu einfüllen kann und die Tiere beim Scharren nicht alles nach draußen befördern.

Einkaufs-Checkliste

→ nage- und ausbruchsicherer Gitterkäfig mit engem Gitter und hoher Bodenschale
→ oder Terrarium oder Aquarium mit luftdurchlässiger Abdeckung
→ Einstreu
→ Futternapf
→ Trinkflasche
→ Schlafhäuschen
→ Steine, Zweige und Äste
→ Röhren aus Holz, Keramik oder Pappe
→ Badesand und Badegefäß
→ Heu und Stroh als Nistmaterial
→ Achtung: Kunststoff ist im Rennmausheim absolut tabu!

Einstreu

Am besten eignet sich handelsübliche Kleintierstreu aus feinen Holzspänen, die möglichst hoch in das Rennmausheim eingefüllt wird. Gibt man noch etwas Heu oder Stroh darauf, ergibt sich eine Mischung, die so stabil ist, dass die Rennmäuse darin sogar richtige kleine Gänge anlegen können.

Schlafen

In das Rennmausheim gehört auch ein Schlafhäuschen. Vor allem am Anfang benötigen die
Tiere noch eine Versteckmöglichkeit – doch
wundern Sie sich nicht, wenn sie schon bald als
Ausguck und Spielgerät benutzt wird. Da Rennmäuse Nester bauen, muss man ihnen Nistmaterial zur Verfügung stellen. Hierfür eignen sich
Heu, Stroh, ungefärbte Küchentücher oder
Papiertaschentücher, die von den Rennmäusen
in kleinste Schnipsel zernagt werden.

Fressen und Trinken

Ein Futternapf muss nicht unbedingt sein, ist
aber hilfreich, um die verbrauchte Futtermenge
besser kontrollieren zu können. Er sollte etwas
erhöht stehen – z. B. auf dem Dach des Schlafhäuschens –, damit er nicht in kürzester Zeit mit
Einstreu zugescharrt wird. Trinkflaschen sind ideal, um den Rennmäusen Wasser anzubieten. Das
Wasser bleibt sauber und die Einstreu wird nicht
nass. Es gibt sowohl Modelle, die am Käfiggitter
befestigt werden, als auch frei stehende, die man
in einem umgebauten Aquarium verwenden kann.

Zubehör

Mit einfachen Mitteln kann man das Rennmausheim artgerecht und abwechslungsreich gestalten: Steine als Ausguck, Äste und Zweige zum
Klettern und Benagen, Röhren aus Holz, Keramik oder Pappe zum Durchkrabbeln. Stellen Sie
nicht zu viel auf
einmal davon in
den Käfig, sondern
gestalten Sie lieber
ab und zu um, so
dass es für die Tiere
immer wieder Neues
zu entdecken gibt.

Transport

Für den Transport
nach Hause ist eine
kleine Transportbox
am besten geeignet
und leistet auch spä-
ter noch gute Diens-
te. Die kleinen Papp-

schachteln, die man im Zoofachhandel bekommt,
halten den Nagezähnen nur kurze Zeit stand.
Geben Sie etwas von der benutzten Streu aus
dem bisher bewohnten Käfig in die Transportbox:
Der vertraute Geruch nimmt den Rennmäusen
die Angst.

2

Ernähren und pflegen

Rennmäuse gesund ernähren

Unterschiedliche Nüsse, Kürbis- und Sonnenblumenkerne, Mais und verschiedene Pellets laden zum Nagen ein.

Trocken- und Körnerfutter

Als Grundlage der Ernährung Ihrer Rennmäuse verwenden Sie am besten eine Futtermischung für Rennmäuse aus dem Zoofachhandel. Hiervon bekommt jedes Tier täglich etwa 10 g – je nach Kaloriengehalt der Mischung und sonstiger Fütterung. Es können auch Futtermischungen für Hamster oder Mäuse gegeben werden. Um den Anteil feinkörniger Saaten zu erhöhen, kann man das Fertigfutter noch mit Hirse mischen.

Selbst gemischt

Natürlich kann man das Futter auch vollständig selbst mischen. Hierfür verwendet man wenige Ölsaaten, wie z. B. Sonnenblumenkerne oder Rübsen, und viele feine Saaten, wie z. B. verschiedene Hirsesaaten und Grassamen. Hirse gibt es im Zoofachhandel als lose Ware oder in Form von Wellensittichfutter. Auch Kolbenhirse eignet sich ausgezeichnet.

Lieblingsfutter

Einzelne Tiere entwickeln manchmal eine Vorliebe für bestimmte Bestandteile der Futtermischung und picken sich dann z. B. nur die Sonnenblumenkerne heraus. Eine derartig einseitige Ernährung führt aber zu Schäden. Notfalls reduzieren Sie die Futtermenge ein wenig, damit die Rennmäuse gezwungen sind, auch wirklich alles und nicht nur die Lieblingshappen zu fressen. Füttern Sie besonders vielseitig und achten Sie darauf, dass wirklich alles gefressen wird.

Achtung Dickmacher!

Sonnenblumenkerne, Erdnüsse und viele andere Leckereien sind zwar gesund, machen aber aufgrund ihres hohen Fettgehaltes auch leider sehr schnell dick. Geben Sie deshalb nur sehr wenig davon! Wenn Sie das Futter für Ihre Rennmäuse selbst mischen, können Sie eine Mischung nur aus feinen Sämereien wie Hirse und Gras-

Futter richtig lagern   *Tipp*

Das Futter immer kühl, trocken und nicht zu lange lagern – also auch keine zu großen Mengen auf einmal kaufen. Die Körner müssen so aufbewahrt werden, dass sie für Vorratsschädlinge wie Mäuse und Insekten unzugänglich sind – z. B. in einer gut schließenden Dose.

Ein Esslöffel Körnerfutter reicht für eine Rennmaus den ganzen Tag.

samen herstellen und in den Futternapf geben. Die leckeren Dickmacher werden dann wohl dosiert extra im Käfig versteckt.

Fressen macht Spaß

Frei lebende Rennmäuse verbringen viel Zeit mit der Futtersuche. Und auch Ihre Rennmäuse sollten sich nicht einfach nur bequem an den gedeckten Tisch setzten. Lassen Sie die Tiere ruhig ein wenig für ihr Futter arbeiten: Geben Sie die Körnermischung und besondere Leckerbissen nicht einfach nur in den Futternapf, sondern streuen Sie sie manchmal auch zwischen die Einstreu. So muss jedes Körnchen erarbeitet werden, die Tiere sind viel in Bewegung und gehen einer natürlichen Beschäftigung nach.

Gewichts-kontrolle   *Tipp*

Ab und zu sollten Sie Ihre Rennmäuse einmal wiegen, um zu kontrollieren, ob die Tiere nicht zu dick werden. Das geht am besten so: Wiegen Sie die Transportbox einmal mit und einmal ohne Rennmaus darin. Die Differenz aus beiden Werten ergibt dann das Gewicht des Tieres.

Wasser

Der Wasserbedarf der Rennmäuse ist nicht besonders hoch, schließlich stammen sie ja aus einer sehr trockenen Heimat. Gibt man genügend Frischfutter, so könnte eigentlich auf eine Tränke ganz verzichtet werden. Da verschiedenes Frischfutter aber auch ganz unterschiedliche Wassergehalte haben kann, ist eine Tränke trotzdem unbedingt zu empfehlen. Vor allem mit einer Trinkflasche können Sie sicher sein, dass den Tieren bei Bedarf immer ausreichend frisches, sauberes Wasser zur Verfügung steht.

Eine interessante Abwechslung: Die Körner direkt aus der Ähre knabbern.

Beerenstark
Vitamincocktail für Rennmäuse

Neben der täglichen Körnerration gehört frisches Saftfutter auf den täglichen Speiseplan der Rennmäuse. Fast alles, was Obstkorb und Gemüsebeet hergeben, schmeckt den kleinen Nagern und ist gesund.

Obst und Gemüse

Frisches Obst und Gemüse versorgen die Rennmäuse mit wichtigen Vitaminen und Feuchtigkeit und verhindert Mangelerscheinungen durch einseitige Ernährung. Besonders beliebt, und eigentlich immer und überall zu bekommen, sind Äpfel, Birnen, Karotten, Möhren, Gurken und Paprika. Aber auch andere Obst- und Gemüsesorten kann man anbieten und ausprobieren, was den Tieren schmeckt.

→ *Frischfutter ist nicht nur gesund, vitaminreich und lecker, sondern deckt auch einen großen Teil des Flüssigkeitsbedarfs der Rennmäuse.*

Speiseplan für Rennmäuse

→ Körnermischung aus hauptsächlich feinen Sämereien wie Hirse und Grassamen
→ **Obst:** Äpfel, Birnen, Melonen, Trauben, Pfirsiche
→ **Gemüse:** Möhren, Möhrenkraut, Gurken, Fenchel, Paprika, Chicorée, verschiedene Kohlarten
→ **Nagefutter:** Heu, Zweige, dünne Äste
→ **Leckereien:** Knabberstangen, Nager-Drops, Kolbenhirse, Insektenlarven

Ein reich gedeckter Tisch. Reste davon sollten Sie spätestens nach einem Tag entfernen.

Kleiner Futterknigge

Saftfutter, das nicht gefressen wurde, muss nach einiger Zeit aus dem Käfig genommen werden. Es fängt sonst unter Umständen an zu schimmeln oder zu gären und wird für die Tiere nicht nur ungenießbar, sondern auch gesundheitsschädlich. Am besten entfernt man Reste spätestens nach einem Tag. Frischfutter, das lediglich eintrocknet, wie z. B. Äpfel, kann man dagegen länger im Käfig lassen. Manchmal mögen die Tiere es dann sogar besonders gerne.

Erst mal nur wenig

Möchte man etwas Neues ausprobieren, so gibt man anfangs lediglich kleine Mengen und immer nur eine neue Sorte auf einmal. Dies gilt übrigens für alle Futterumstellungen, auch bei Trockenfutter. Am besten mischt man neues Futter mit schon bekanntem. Das erleichtert der Rennmaus, und vor allem ihrem Verdauungstrakt, die Gewöhnung und Sie können beobachten, ob den Tieren das neue Futter bekommt und schmeckt.

Vitamine und Mineralien

Im Zoofachhandel gibt es Ergänzungsfuttermittel mit Vitaminen und Mineralien. Bei einer ausgewogenen Ernährung mit einer guten Körnerfuttermischung und viel Obst und Gemüse sind diese Präparate aber nicht unbedingt notwendig. Verweigern die Rennmäuse jedoch z. B. die Annahme von Frischfutter, so können die notwendigen Vitamine dem Trinkwasser oder dem Trockenfutter zugesetzt werden.

Vorsicht mit Salat

Kopfsalat fressen viele Rennmäuse sehr gerne. Er kann aber oftmals ungesund hohe Nitratgehalte aufweisen, verursacht durch intensive Düngung. Weiß man nichts über die Herkunft des Salates, sollte er lieber vom Speiseplan der Rennmäuse gestrichen werden.

Leckeres aus der Natur

Im Sommer können außerdem frische Gäser und Kräuter aus dem Garten den Speiseplan Ihrer Rennmäuse bereichern. Frisch und lecker sind auch Knospen und junge Blätter von Obstbäumen. Doch sammeln Sie nur, was Sie auch sicher kennen.

Auch das Frischfutter kann man an verschiedenen Stellen im Käfig auslegen, so dass die Tiere danach suchen müssen.

Für KIDS

Eine Futter-Girlande für deine Rennmäuse

So eine bunte Girlande macht Spaß, schmeckt und ist gesund!

Du brauchst

→ Verschiedenes Obst,
  z. B. Birne und Apfel
→ Verschiedenes Gemüse,
  z. B. Paprika und Gurke
→ Ein Stück Naturbast
→ Messer und Schere, evtl. einen Schaschlikspieß

1. Waschen und schneiden

Wasche das Obst und Gemüse und trockne es ab. Nun schneidest du von jeder Obst- und Gemüsesorte ein Stück ab und teilst es in kleine Stückchen. Lass dir beim Schneiden vielleicht von einem Erwachsenen helfen.

2. Anpieksen und auffädeln

Nun stichst du mit dem Messer oder einem Schaschlikspieß in die Mitte jedes Obst- und Gemüsestückchens ein kleines Loch. Schneide dir dann mit der Schere ein Stück vom Naturbast ab. Jetzt kannst du den Bast durch die vorgepieksten Löcher fädeln und bekommst so eine bunte Futtergirlande.

3. Aufhängen und... ... Guten Appetit!

Nun kannst du die Girlande quer durch den Käfig spannen oder an der Käfigabdeckung festbinden und damit das Rennmausheim schmücken. Was machen deine Rennmäuse? Sicher kommen sie gleich neugierig gelaufen, beschnuppern ihre neue Käfigdekoration und werden auch bald ein Stückchen davon naschen.

Es geht auch spießig

Du kannst anstelle des Bastes auch einen dicken Schaschlikspieß verwenden, auf den du die Futterstückchen aufspießt. Nun stellst du ihn schräg in das Rennmausheim – ein abwechslungsreicher Futterspaß für deine Lieblinge.

Frisches Grün und Leckereien

→

Abwechslung auf dem Speiseplan hält Rennmäuse gesund und fit.

Eine ausgewogene Körnermischung und viel frisches Obst und Gemüse – damit bekommen Ihre Rennmäuse alles, was sie brauchen. Doch vielleicht möchten Sie die Tiere ab und zu auch noch mit etwas ganz Besonderem verwöhnen? Dann finden Sie hier noch ein paar Ideen.

Ein Garten für Rennmäuse

Mit dieser Idee schlagen Sie gleich zwei Fliegen mit einer Klappe: gesundes frisches Grün und jede Menge Neues zu Entdecken für Ihre Rennmäuse. Und so geht's:
Besorgen Sie sich ein rennmaussicheres Gefäß, also z. B. ein flaches Holzkästchen, eine Keramikschale oder Ähnliches, eine für Nager geeignete Samenmischung oder Küchenkräutersamen und etwas ungedüngte Blumenerde. Jetzt füllen Sie die Schale mit Blumenerde, feuchten diese an und

säen Sie die Samen aus. Nun brauchen Sie etwas Geduld, bis die Samen gekeimt und die Pflänzchen etwa fingerlang geworden sind. Dann stellen Sie den „Rennmausgarten" in den Käfig – und schauen Sie, was passiert. Achten Sie darauf, dass die Erde nicht mehr ganz so feucht ist, wenn Sie die Schale ins Rennmausheim stellen.

Variante für Eilige

Wenn Sie nicht warten wollen, bis die Pflanzen gekeimt und gewachsen sind, stechen Sie ein Stückchen Rasen im Garten aus und legen es in die Schale. Haben Sie diese Möglichkeit nicht, besorgen Sie im Zoofachhandel ein Töpfchen Katzengras. Da diese Töpfchen meist aus Kunststoff bestehen, empfiehlt es sich, das Gras für die Rennmäuse in ein nagesicheres Behältnis umzusetzen. Sie werden sehen, wie viel Begeisterung Sie damit wecken.

Frisches Grün oder eine Schale Katzengras laden zur Entdeckungstour für alle Sinne ein.

Wichtige Knabbereien

Nagen ist eine der liebsten Beschäftigungen der Rennmäuse. Zusatzfutter und Leckereien, die den Nagetrieb der Tiere befriedigen, sind daher absolut sinnvoll. Knabberstangen, gepresstes Heu, Äste, Zweige usw. sind sogenanntes Beschäftigungsfutter – und diese Art von Beschäftigung ist sehr wichtig für die artgerechte Haltung der kleinen Nager. In der Natur müssen Rennmäuse viel Energie für die Futtersuche auf-

wenden. Bei Heimtieren fehlt diese Art der Beschäftigung fast völlig. Darum muss ein entsprechend sinnvoller Ausgleich geschaffen werden.

Leckereien nur in Maßen

Leckereien, wie der Zoofachhandel sie für Hamster und andere Nager anbietet, können natürlich ebenfalls gegeben werden. Solche Drops, Kräuterpellets usw. sind jedoch für größere Tiere gedacht und recht kalorienreich. Die Portionen dürfen daher nicht zu groß

sein und diese Art Futter sollte auch nicht als Beschäftigungsfutter angeboten werden. Manche Rennmäuse toben ihre Nagezähne auch gerne an Kauknochen aus Rinderhaut aus, wie man sie für Hunde kennt.

Tierisches Protein

Rennmäuse fressen in der Natur auch manchmal etwas tierisches Protein, z. B. Insektenlarven, die Sie bei der Futtersuche „zufällig" finden. Man kann Insektenlarven (meist Mehlwürmer) im Zoofachgeschäft als Futtermittel kaufen und den Tierchen gelegentlich anbieten. Da der Anblick von Lebendfutter jedoch nicht jedermanns Sache ist, kann man darauf aber auch verzichten. Als Quelle tierischen Proteins kann man ebenso gut kleinste Mengen Hundetrockenfutter verfüttern. Etwas Naturjoghurt oder spezielle proteinhaltige Produkte für Ratten und Hamster aus dem Zoofachgeschäft sind ebenso gut.

Selbstgezogenes Grün: Eine Schale mit Erde füllen, Samen darauf verteilen und immer gut feucht halten.

Knabberprodukte aus dem Zoofachhandel sind sehr beliebt – doch bitte nie zu viel davon geben.

Unterwegs in Sachen Rennmaus

Tipp

Bringen Sie Ihren Rennmäusen doch einmal eine kleine Überraschung von unterwegs mit: ein kleiner Bund Küchenkräuter – z. B. Petersilie, Salbei oder Dill – vom Wochenmarkt oder ein paar frische Wiesenkräuter vom Spaziergang. Geeignet sind z. B. Kamille, Löwenzahn, Gänseblümchen, Schafgarbe, Wegerich, Luzerne oder auch Gräser mit frischen Samenständen. Sammeln Sie aber nur, was Sie kennen, und nicht von Straßen- oder stark gedüngten Feldrändern.

EXTRA
Fitness-Food
für flotte Rennmäuse

In der Natur verbringen Rennmäuse die meiste Zeit mit der Futtersuche. Das können sie auch im Rennmausheim bei Ihnen zu Hause: Dafür wird das Futter nicht einfach nur im Napf serviert, sondern auf immer wieder neue Weise raffiniert als Fitness-Food angeboten. Hier einige Ideen:

Recken und strecken

Machen Sie es Ihren Rennmäusen nicht zu einfach. Sie sollen sich ruhig ein wenig anstrengen, um an ihr Futter zu kommen. Also: „Hängen Sie den Futternapf höher." Zum Beispiel so:

Um an die Leckereien in den Futterglöckchen zu kommen, muss sich diese Rennmaus schon ein wenig anstrengen.

→ Aus kleinen Tontöpfchen kann man Futterglöckchen basteln. Dazu ein paar Obst- oder Gemüsestückchen auf ein Stück Schnur fädeln, das lange Ende durch das Loch im Blumentöpfchen ziehen und die fertigen Glöckchen von oben in den Käfig hängen.

→ Für viele Rennmäuse sind Mehlwürmer ein absoluter Leckerbissen. Wenn Sie Ihren Tieren ab und zu einige davon geben, dann überlassen Sie sie ihnen nicht „kampflos". Halten Sie die Larven Ihren Rennern über den Kopf, so dass sie sich tüchtig danach recken und strecken müssen.

→ Bei Gitterkäfigen kann man Karotten- oder Apfelstücke einfach etwas weiter oben zwischen die Gitterstäbe klemmen, so dass sich die Rennmäuse lang machen müssen, um daran knabbern zu können.

→ Binden Sie ein kleines Sträußchen frische Kräuter mit einem Baumwollfaden zusammen. Dieses können Sie dann an der Käfigabdeckung befestigen und so von oben in das Rennmausheim hineinbaumeln lassen.

Immer der Nase nach

Rennmäuse können sehr gut riechen. Verstecken Sie also das Futter so, dass die kleinen Nager danach suchen müssen. Sie werden sehen: Sie finden es immer!

→ Geben Sie einige Nüsse in eine kurze Papphöre und stopfen Sie beide Enden mit Heu zu. Nun müssen sich die Rennmäuse nagend und knabbernd durch das Heu bis zu den Leckerbissen vorarbeiten.

→ Wickeln Sie eine kleine Portion des Körnerfutters in ein Papiertaschentuch und verstecken Sie dieses Päckchen im Käfig.

→ Sie können das Futter auch in einer Heukugel verstecken: Dazu nehmen Sie eine Handvoll Heu, streuen einige Körner darauf und drücken nun das Heu fest zu einer Kugel zusammen.

→ Verstecken Sie immer mal wieder einige ganze Erdnüsse oder ein paar Nagerdrops in der Einstreu – lange werden den Rennmäusen diese Leckereien nicht verborgen bleiben.

→ Auf den Boden einer kleinen, flachen und nagefesten Schale streuen Sie ein paar Sonnenblumenkerne und bedecken diese dann mit etwas Badesand. Nun kommt die Schale in den Käfig – die Rennmäuse haben ganz sicher ihren Spaß daran.

Geschicklichkeit ist gefragt

Rennmäuse sind recht geschickt, wenn es darum geht, an Leckerbissen zu kommen. Probieren Sie aus, was Ihre Tiere alles schaffen.

→ Eine halbierte Walnuss in der Schale ist eine besondere Leckerei, für die sich die Rennmäuse sicher ins Zeug legen werden.

→ Rennmäuse nagen gerne. Geben Sie Ihren Tieren deshalb möglichst oft besonders hartes Futter, das sie sich richtig erarbeiten müssen. Geeignet sind Knabberstangen, sehr hartes Brot oder frische Zweige, die zudem auch nicht dick machen.

→ Legen Sie einmal einen ganzen Apfel in den Käfig und beobachten Sie, ob die Rennmäuse es schaffen, auch davon kleine Stückchen abzuknabbern.

→ Besorgen Sie sich einen Lochziegel und stecken Sie kleine Futterstückchen in die Löcher. Nun müssen sich die Rennmäuse anstrengen, um die Leckerbissen wieder herauszuziehen.

Gepflegte Rennmäuse

*Praktisch für den Halter:
Für die Fellpflege sorgen
Rennmäuse ganz alleine.*

Artgerechte Unterbringung und
Beschäftigung, eine abwechslungsreiche Ernährung und nur einige wenige
und einfache Vorsorgemaßnahmen –
so bleiben Ihre Rennmäuse lange fit
und gesund.

Fellpflege

Die Fellpflege besorgen die kleinen
Nager ganz alleine. Sie sind sehr rein-
lich und putzen sich oft und gründlich.
Mit Kamm oder Bürste müssen Sie
also nicht nachhelfen. Das Einzige, was

Sandbad

→ Damit das Fell schön bleibt und die Tiere sich wohlfühlen,
müssen sie einmal täglich in Sand baden können.

→ Mit Hilfe des Sandes entfernen die Tiere überflüssige
Feuchtigkeit, Fett und Drüsensekret aus dem Fell.

→ Der Badesand soll fein, rundkörnig und natürlich sauber
sein. Am besten verwendet man Badesand für Chinchillas.

→ Die Badeschale muss standfest, nagesicher, nicht zu flach
und so groß sein, damit die Rennmäuse ausgiebig darin
graben und sich wälzen können.

Sie tun müssen, um Ihre Rennmäuse
bei der Fellpflege zu unterstützen, ist,
ihnen regelmäßig – am besten täglich
– ein Sandbad zur Verfügung zu stellen.

Zähne und Krallen

Zähne und Krallen der Rennmäuse
wachsen permanent. Durch den natürlichen Gebrauch werden sie jedoch
regelmäßig abgeschliffen und geschärft.
Zur Zahnpflege ist es daher wichtig,
dass die Tiere immer etwas Hartes
zum Nagen haben. Dies kann Futter
sein, wie z. B. Knabberstangen und hartes Brot, oder auch frische Zweige von
Obstbäumen. Haben die Tiere kaum
Möglichkeiten zum Nagen, so werden
die Zähne früher oder später zu lang
und die normale Futteraufnahme wird
behindert. So eine Rennmaus kann
vor einem vollen Futternapf regelrecht
verhungern.

Auch die Krallen werden durch den natürlichen Gebrauch gepflegt. Durch ihr ausgeprägtes Bedürfnis zu graben und zu scharren, erledigen die Tiere die Krallenpflege also selbst. Ein Schneiden der Krallen wie bei Kaninchen oder Meerschweinchen ist daher nicht nötig.

Damit die Tiere ihre Krallen genügend abnutzen können, sollte der Untergrund im Käfig möglichst vielseitig gestaltet werden. Raue Materialien wie Holz, Stein und Sand, die Hauptbestandteile in der Innengestaltung des Käfigs, erfüllen also auch hier einen wichtigen Zweck.

Käfighygiene

Im Gegensatz zu vielen anderen Heimtieren macht die Käfighygiene bei den Rennmäusen nicht viel Mühe. Da die Tiere recht trockenen Kot und nur wenig Urin ausscheiden, reicht es im Allgemeinen, den Käfig etwa alle zwei Wochen zu reinigen. Dabei sollte dann die gesamte Einstreu ausgetauscht werden. Der Käfig selbst kann bei jeder zweiten oder dritten Reinigung ausgespült und desinfiziert werden. Scharfe Desinfektionsmittel sind hierzu aber kaum nötig. Wenn Sie solche verwenden, müssen Sie selbstverständlich sehr gründlich nachspülen. Bevor neue Streu eingefüllt wird, muss der Käfig ganz trocken sein. Vor allem bei Aquarien muss man gut darauf achten, dass keine übel riechenden oder gar giftigen Ausdünstungen die Atmosphäre im Inneren vergiften. Restfeuchte nach dem Reinigen erhöht die Luftfeuchtigkeit, das ist für die Tiere schädlich.

Fast geruchlos

Ein ganz großer Vorzug der Rennmäuse ist, dass von ihnen keinerlei Geruchsbelästigung ausgeht. Selbst nach mehreren Wochen ist der Käfig praktisch geruchsneutral. Auch die Rennmäuse selbst riechen kaum. Unsere eher unsensiblen menschlichen Nasen können nur manchmal einen ganz leicht süßlichen Geruch wahrnehmen, der vielleicht etwas an Honig erinnert.

Urlaub

Denken Sie daran: Bevor Sie sich dazu entschließen, Rennmäuse zu halten, sollten Sie schon geklärt haben, wo die neuen Mitbewohner im Urlaub untergebracht werden. Für Rennmäuse findet sich aber relativ leicht ein Pflegeplatz, da die Versorgung nicht allzu schwierig und aufwendig ist. Mit dem Pflegeplan auf Seite 52 ist das für jeden Urlaubspfleger gut zu schaffen.

Etwa alle zwei Wochen wird nach einer gründlichen Käfigreinigung frische Einstreu eingefüllt.

So bleiben Rennmäuse gesund und fit

Rennmäuse sind sehr widerstandsfähige und unempfindliche Tiere, die selten krank werden. Eine saubere, artgerechte Haltung sowie eine ausgewogene Ernährung sind das beste Rezept, damit dies auch so bleibt.

Zum Tierarzt

Wird eine Rennmaus doch einmal ernsthaft krank, so gehen Sie möglichst bald mit ihr zum Tierarzt. Gerade bei kleinen Tieren mit schnellem Kreislauf und Stoffwechsel ist langes Warten verhängnisvoll, da sich ihr Zustand sehr schnell verschlechtern kann. Die Behandlungskosten für Kleinnager sind nicht besonders hoch und keinesfalls mit denen für Hunde oder Katzen zu vergleichen. Trotzdem können die Kosten den Anschaffungspreis der Tiere leicht übersteigen – seien Sie sich dessen von Anfang an bewusst.

Artgerechte Haltung und gesundes Futter sind die beste Gesundheitsvorsorge.

Das Leben mit Artgenossen ist wichtig für das Wohlergehen der Rennmäuse.

Keine Angst vorm Onkel Doktor

Weil Rennmäuse sehr stressempfindlich sind – und noch mehr bei Erkrankungen –, sollte der Tierarztbesuch möglichst schonend ablaufen. Am besten erkundigen Sie sich zunächst telefonisch, ob der Tierarzt Erfahrung mit Rennmäusen hat. Am Telefon kann auch schon vorab geklärt werden, ob Kotproben mitgebracht werden müssen, oder ob eine Vorstellung aller Tiere der Gruppe notwendig ist. Bringen Sie das kranke Tier in der Transportbox zum Arzt, und nehmen Sie möglichst die anderen Rennmäuse ebenfalls mit. Die Trennung und der fremde Geruch aus der Arztpraxis könnten das kranke Tier leicht zum „Fremdling" machen, der nach seiner Rückkehr vom Tierarzt aus dem Revier vertrieben wird.

Infektionskrankheiten

Bakterielle oder durch Viren verursachte Infektionskrankheiten sind bei der Rennmaus sehr selten. Die wichtigste bakterielle Erkrankung der Mongolischen Rennmaus ist Tyzzer's Disease. Die Symptome von Tyzzer's Disease sind Durchfall, Austrocknung und ein stumpfes Fell. Die Übertragung erfolgt durch das Fressen von Kot infizierter Tiere. Eine besondere Gefahr liegt daher in der Verwendung von Einstreu, welche mit dem Kot wild lebender Mäuse verunreinigt ist. Vorbeugend sollte nur saubere Einstreu verwendet werden.

Auch viele andere Infektionen äußern sich mit Durchfall, verbunden mit Abmagerung. Verklebtes Fell um den After herum ist immer ein Alarmzeichen. Aber auch das Fell um Augen und Nase sollte immer sauber und unverklebt sein.

Parasiten

Man unterscheidet innere und äußere Parasiten. Bei den äußeren Parasiten, die auf und in der Haut leben, sind vor allem Milben zu nennen. Die Symptome eines Milbenbefalls ähneln manchmal Bisswunden, da sich die Tiere kratzen und beißen, denn diese Plagegeister verursachen einen starken Juckreiz. Auffällig sind aber auch ein struppiges, stumpfes und trockenes Fell. Bevor der Halter richtig begreift, was los ist, kann eine sogenannte Selbstheilung eintreten. Im Zweifelsfall wird aber der Tierarzt mit entsprechenden Mitteln zur äußeren oder inneren Anwendung helfen.

Innere Parasiten, wie Bandwürmer und Nematoden, befallen die inneren Organe, z. B. den Magen-Darm-Trakt. Sie kommen jedoch sehr selten vor. Durchfall und Abmagerung sind auch hier die für den Laien festzustellenden Symptome. Vorbeugend sollte man Kontakte mit frei lebenden Nagern und ihrem Kot vermeiden und auf ein trockenes und sauberes Klima im Käfig achten.

Verletzungen

Wunden heilen bei Rennmäusen sehr gut und schnell. Bei kleineren Wunden reicht es normalerweise, das Tier und die Wundheilung gut zu beobachten und den Käfig sehr sauber zu halten, um Infektionen zu vermeiden. Bei größeren Wunden fragt man besser den

Aufgeweckt und aktiv – eine rundum gesunde Rennmaus.

Tierarzt und lässt sich ein Mittel zur Wunddesinfektion geben.

Gebissprobleme

Probleme mit dem Gebiss der kleinen Nager entstehen im Allgemeinen aus zwei Gründen. Zu weiches Futter und zu wenig Nagemöglichkeiten führen dazu, dass die Zähne zu lang werden. Hiervon betroffen sind nicht nur die vorderen, leicht sichtbaren Zähne, sondern alle Zähne. Zu lange Zähne behindern die Rennmaus beim Fressen und können zu Verletzungen im Mundraum führen. Symptome sind langsame und eingeschränkte Futteraufnahme, Abmagerung und eventuell Speichelfluss. Die beste Vorbeugung ist hier die richtige Ernährung mit hartem Futter und vielen Nagemöglichkeiten. Daneben gibt es auch angeborene Zahnfehlstellungen. Wachsen die Zähne schief, so treffen sie beim Kauen nicht aufeinander. Dadurch nutzen sie sich nicht genügend ab und werden ebenfalls zu lang.

Stress

Rennmäuse können sehr empfindlich auf Stress reagieren. Stress kann z. B. Infektionen verschlimmern oder der Krankheit erst zum Ausbruch verhelfen, da er die Immunabwehr schwächt. Die meisten Krankheiten – auch Parasitenbefall – werden erst beim gestressten oder geschwächten Tier zum Problem.

Die Sache mit dem Nachwuchs

Rennmäuse sollen in der Natur eine eingebaute Geburtenkontrolle besitzen, so dass eine Sippe nie zu groß wird. Bei den Tieren in Menschenobhut scheint diese biologische Geburtenkontrolle aber nicht mehr zuverlässig zu funktionieren. Wer kein Risiko eingehen will, sollte sich darauf lieber nicht verlassen und von Anfang an zwei oder mehrere gleichgeschlechtliche Tiere auswählen. Die Zucht bleibt erfahrenen Züchtern überlassen.

Die Vermehrung von Rennmäusen sollte man erfahrenen Züchtern überlassen.

Geschlechtsbestimmung

Schon im Alter von sechs bis zwölf Wochen sind Rennmäuse geschlechtsreif und können selbst wieder Junge bekommen. Deshalb ist es wichtig, Jungtiere schon früh nach Geschlecht voneinander zu trennen und bei der Auswahl der eigenen Tiere auch genau auf das Geschlecht zu achten. Ein erfahrener Züchter oder Zoofachhändler wird Ihnen gerne zwei Männchen oder zwei Weibchen aussuchen. Er erkennt den Unterschied am Abstand zwischen Genitalöffnung und After. Dieser ist bei Männchen deutlich größer als bei Weibchen.

Von der Paarung bis zur Geburt

Und was geschieht, wenn sich doch einmal zwei verliebte Rennmäuse treffen? Die Paarung verläuft eher stürmisch als zärtlich. Das Männchen jagt

Noch keine 14 Tage alt – die Augen haben sich noch nicht geöffnet.

*Die noch blinden Jung-
tiere orientieren sich mit
Hilfe ihres Geruchsinns.*

das Weibchen regelrecht umher und überprüft durch Beriechen immer wieder die Paarungsbereitschaft. Wenn das Weibchen bereit ist, stoppt es die wilde Jagd plötzlich und die eigentliche Paarung wird vollzogen.

Nach 24 bis 30 Tagen werden dann bis zu zwölf Junge geboren. Im Schnitt sind es jedoch nur vier bis fünf Jungtiere. Sofort nach der Geburt ist das Weibchen wieder empfängnisbereit. Hilfe bei der Geburt braucht die Rennmausmutter nicht. Sie weiß instinktiv, was zu tun ist, durchtrennt die Nabelschnur, leckt die Jungen trocken und frisst die Nachgeburt.

Rennmauskinder werden groß

Im Prinzip zieht das Muttertier die Jungen auf. Aber auch der Vater beteiligt sich an der Betreuung der Jungtiere, z. B. indem er sich wärmend auf sie legt oder Ausreißer ins Nest zurückträgt. Die kleinen Rennmäuse haben ein Geburtsgewicht von ca. 3 g. Im Alter von fünf Tagen kann man die ersten Härchen an den bis dahin nackten

Tieren entdecken. Mit 14 Tagen öffnen sie die Augen. Jetzt krabbeln sie auch schon mal aus dem Nest und wollen die Umgebung erkunden, werden von der Mutter aber geduldig immer wieder zurückgetragen. Gesäugt werden die Jungen etwa 21 Tage lang. Vom Futter der Eltern probieren sie aber auch vorher schon immer wieder einen Bissen.

*Wie der Vater, so der
Sohn: Rennmäuse sind
in jedem Alter neugierig.*

Mein Pflegeplan

Tagesration für eine Rennmaus

Aus diesen Komponenten – alternativ, nicht alles gleichzeitig – können Sie für Ihre Rennmäuse jeden Tag ein neues, abwechslungsreiches Menü zusammenstellen.

→ **Grundfutter** Pro Tier etwa 10 g – entspricht etwa einem Esslöffel voll – Körnerfutter.

→ **Obst** Kleine Stückchen von Apfel, Birne, Melone, Pfirsich oder Traube – insgesamt etwa einen Teelöffel pro Tier.

→ **Gemüse** Möhren, Gurken, Fenchel, Paprika, Chicorée, verschiedene Kohlarten – auch hiervon pro Tier etwa einen Teelöffel.

→ **Grünzeug** Für alle Tiere zusammen einige Blätter Löwenzahn, ein kleines Sträußchen Küchenkräuter oder etwas Möhrenkraut.

→ **Nagefutter** Heu und frische Äste und Zweige gehören immer in den Käfig, ab und zu auch einmal ein Stück hartes Brot.

→ **Leckereien** Eine ganze Erdnuss, vier bis fünf Sonnenblumenkerne, ein bis zwei Nagerdrops, ein Stückchen Hundetrockenfutter oder ein Mehlwurm pro Tier oder für alle Tiere zusammen eine Knabberstange.

→ **Wasser** Muss in einer Trinkflasche oder einem Napf immer zur Verfügung stehen.

Täglich

Futter

Morgens und abends je die Hälfte der Tagesration füttern und frisches Heu sowie einige Zweige ins Rennmausheim geben. Verwendet man einen Futternapf, diesen einmal am Tag ausspülen und gut abtrocknen.

Wasser

Einmal am Tag die Trinkflasche oder den Wassernapf ausspülen und mit frischem Wasser füllen.

Reinigung

Täglich Reste von Feuchtfutter, das schimmeln oder gären könnte, entfernen. Futterreste, die nur eintrocknen (z. B. Äpfel), dürfen auch etwas länger im Käfig bleiben.

Beschäftigung

Lassen Sie sich jeden Tag eine kleine Herausforderung für Ihre Rennmäuse einfallen: Ein paar gut versteckte Leckerbissen, eine Futter-Girlande (S. 40) oder ein extra-dicker Zweig zum Benagen halten Körper und Geist fit.

Pflege

Alle gut drauf? Beobachten Sie genau, ob sich Ihre Rennmäuse normal verhalten und einen sauberen und gesunden Eindruck machen. Nicht vergessen: Einmal täglich ist für alle Sandbaden angesagt!

Reinigung

Etwa alle zwei Wochen tauschen Sie die komplette Einstreu aus. Danach wird der Käfig mit viel frischer Einstreu, Heu, Zweigen und Nistmaterial wieder befüllt.

Beschäftigung

Die Käfigreinigung kann man wunderbar nutzen, um das Rennmausheim ein wenig umzugestalten. Machen Sie sich die Mühe, den Tieren einmal ein etwas aufwendigeres Fitness-Food (S. 44) anzubieten, betreiben Sie mit den Rennmäusen ein wenig Gehirn-Jogging (S. 66) oder machen Sie einen Ausflug auf den Rennmaus-Abenteuerspielplatz (S. 62).

Pflege

Wenn die Rennmäuse während der Reinigung aus dem Käfig genommen werden müssen, ist das ein guter Anlass für einen etwas ausführlicheren Gesundheits-Check. Nehmen Sie das Tier in die Hand und betrachten Sie genau Fell, Augen, Ohren, Nase, Pfoten und Krallen, den Po und den Bauch.

Reinigung

Einmal im Monat, spätestens alle zwei Monate, wird der Käfig mit heißem Wasser gründlich ausgespült und danach sorgfältig getrocknet. Kontrollieren Sie Käfig und Einrichtungsgegenstände auf Nagespuren und tauschen Sie stark beschädigte oder verschmutzte Gegenstände aus.

Beschäftigung

Sorgen Sie für Abwechslung im Käfig: Zubehör, das die Rennmäuse zur Beschäftigung anregen soll, wird immer wieder ausgetauscht und vielleicht haben Sie ja Lust, die eine oder andere Bastelidee in diesem Buch einmal auszuprobieren (S. 24 und 64).

3

Verstehen & beschäftigen

Flink und ganz schön neugierig

Wer sich für Rennmäuse entschieden hat, der wird schnell feststellen, dass es mit den flinken Flitzern nie langweilig wird. Ihnen bei ihrem Treiben zuzusehen ist oft besser als jedes Fernsehprogramm.

Oben drüber und unten durch

Nicht umsonst heißen Rennmäuse Rennmäuse. Sind sie wach, sind sie auch fast ständig in Bewegung. Hauptbeschäftigung ist die Futtersuche, für die sie in der Einstreu wühlen, in den hintersten Winkel kriechen, sich recken und strecken und sämtliche Einrichtungsgegenstände besteigen.

Beschäftigung ist lebenswichtig

Rennmäuse sind intelligent, neugierig und lebhaft – und damit sie das auch bleiben, ist artgerechte Beschäftigung lebenswichtig! Langeweile ist sicherlich eines der Hauptprobleme in der Heimtierhaltung. Nimmt die Langeweile überhand, konzentrieren sich die Tiere auf eine Handlung, die sie monoton ständig wiederholen. Bei Rennmäusen ist es oft das unaufhörliche Scharren in einer Käfigecke oder das Beknabbern der Käfigstäbe. Sowohl das Knabbern als auch das Scharren sind natürliche Verhaltensweisen, die man nicht verhindern kann oder sollte. Wenn sie jedoch zur wirkungslosen und monotonen Hauptbeschäftigung werden, brauchen die Tiere aber unbedingt andere artgerechte Beschäftigungsmöglichkeiten. Deshalb habe ich in diesem Buch sehr viel Wert darauf gelegt, Ihnen zu berichten, was Rennmäusen Spaß macht und womit sie sich gerne beschäftigen.

Kleiner Rennmaus-Knigge

Der Umgang mit Rennmäusen ist nicht kompliziert. Ein paar wichtige Dinge sollen aber doch genannt sein und beachtet werden, damit der Umgang mit den Tieren für beide Partner Freude macht.

Hochheben und tragen

Eine zahme Rennmaus wird normalerweise von selbst auf Ihre Hand kommen. Dann kann man sie vorsichtig aus dem Käfig heben, wobei man die zweite Hand schützend über das Tier hält, damit es nicht herunterfällt oder -springt. Zutrauliche Tiere lassen sich

Der Umgang mit Rennmäusen ist unkompliziert, wenn man sich an wenige einfache Regeln hält.

So trägt man eine Rennmaus sicher: Sie sitzt in der einen Hand, die andere Hand wird schützend darüber gelegt.

maus auch mit einem Stummelschwanz überleben, jedoch fehlt ihr der lange Schwanz zum Balancieren. Alles in allem ist der Verlust des Schwanzes eine sehr unschöne Angelegenheit. Also lieber Hände weg vom Schwanz der Rennmaus.

Auch andere Methoden wie den Nackengriff oder gar das Halten an einem Beinchen sollte man keinesfalls praktizieren. Die Verletzungsgefahr ist sehr groß!

Der Tassenlift: So kann man eine Rennmaus tragen, die sich noch nicht an die Hand gewöhnt hat.

auch ganz einfach von oben greifen und dann vorsichtig auf die flache Hand umsetzen.

Bei einem jungen oder neuen Tier ist dies aber natürlich noch nicht der Fall. Solange die Rennmäuse noch nicht an die Hand gewöhnt sind, kann man sie am besten mit einem kleinen Gefäß einfangen, das man in den Käfig hält. Es eignet sich z. B. eine Tasse, eine kleine Schüssel oder eine Papprröhre. Von der Neugier getrieben, springen manche Tiere sogar von selbst hinein oder sie lassen sich vorsichtig hineindrängen bzw. -schieben.

Hände weg vom Schwanz!

Man kann Rennmäuse auch am Schwanzansatz anheben, doch sollte der ungeübte Tierhalter dies lieber unterlassen. Als Schutzmechanismus vor Raubtieren kann sich bei Rennmäusen nämlich die Haut samt Fell vom Schwanz lösen. Das ist kein schöner Anblick und bereitet dem Tier sicherlich nicht unerhebliche Schmerzen. Der verbliebene Rest des Schwanzes trocknet ein und fällt ab oder wird von den Tieren selbst abgebissen. Der Schwanz wächst nicht nach. Die Rennmaus bleibt für den Rest ihres Lebens verstümmelt. Zwar kann eine Renn-

Gegenseitiges Vertrauen: Eine zahme Rennmaus, deren Verhalten man einschätzen kann, darf auch gerne mal auf der Schulter sitzen.

Ausguckposten

Wenn man eine Rennmaus auf der Hand hält, muss man immer vorsichtig sein. Die Tiere können blitzschnell den Arm hinaufrennen und sitzen dann auf der Schulter oder versuchen sich nach unten abzuseilen. Zahme Rennmäuse, deren Verhalten man schon gut einschätzen kann, dürfen aber ruhig einmal auf der Schulter sitzen und die Aussicht genießen.

EXTRA
Rennmaus-Dolmetscher

Rennmäuse verstehen leicht gemacht

Zusammengekuschelt Schlafen: *„Wir gehören zusammen und vertrauen einander."*
→ Der Kontakt zu anderen Tieren ist für die sozialen Rennmäuse ganz wichtig. Nur in der Gruppe fühlen sie sich wohl und sicher.

Sandbaden: *„Ich fühle mich wohl."*
→ Das regelmäßige Sandbad gehört zum natürlichen Verhalten der Rennmäuse. So pflegen sie ihr Fell – und nur ein gesunde, gepflegte Rennmaus fühlt sich wohl.

Gegenseitiges Jagen: *„Du hast einen Leckerbissen, den ich möchte."*
→ Den besten Leckerbissen will natürlich jeder gerne für sich haben. So kommt es schon einmal zu kleinen aber harmlosen Verfolgungsjagden im Rennmauskäfig.
Eventuell kann es sich dabei aber auch um beginnende Aggression handeln. Behalten Sie Ihre Tiere im Auge, vor allem wenn dieses Verhalten länger anhält.

Fiepen: *„Ich bin hier, wo bist du?"*
→ Diese ganz feinen hohen Laute hört man meist, wenn die Tiere aneinandergekuschelt im Nest liegen. Sie dienen der Kontaktaufnahme und vermitteln Sicherheit in der Gruppe.

Trommeln mit den Hinterbeinen: *„Achtung: Gefahr!"*
→ Rennmäuse sind sehr aufmerksame Tiere. Wenn eines Gefahr wittert, warnt es die anderen, indem es mit den Hinterbeinen auf den Boden trommelt. Schnell wie der Wind sucht sich dann jeder ein Versteck.

Boxen: *„Jetzt gibt's Ärger!"*
→ Mit richtigen Boxkämpfen werden Aggressionen innerhalb der Gruppe ausgetragen. Achtung: Nun müssen Sie die Tiere gut im Auge behalten, damit es nicht zu blutigen Kämpfen und Verletzungen kommt.

Die Geheimsprache der Rennmäuse

Rennmäuse haben untereinander auch eine Geheimsprache: Sie benutzen Duftmarken und Töne in für uns unhörbaren Frequenzbereichen. Daher können wir sie nicht wahrnehmen und leider auch nicht verstehen. Wer seine Tiere aber genau beobachtet wird trotzdem oft wissen, was die Rennmäuse sich gerade „zu sagen" haben.

Regungsloses, erstarrtes Männchen machen: *„Was ist hier los?"*
→ Irgendetwas hat die Rennmaus verunsichert. Sie will beobachten, was los ist, ohne selber zu viel Aufmerksamkeit zu erregen.

Beschnuppern: *„Wer bist du?"*
→ Rennmäuse kommunizieren mit Hilfe von Düften. Sippenmitglieder erkennen sich untereinander an ihrem spezifischen Geruch.

Gegenseitiges Putzen: *„Wir gehören zusammen und mögen uns."*
→ Rennmäuse brauchen Körperkontakt zu ihren Artgenossen, um sich wohlzufühlen. Gegenseitiges Putzen ist ein ganz klares Zeichen der Zuneigung – mit dem angenehmen Nebeneffekt, dass das Fell auch an schwer zugänglichen Stellen schön gepflegt wird.

Buddeln: *„Ich möchte mir einen großen Bau anlegen."*
→ Wild lebende Rennmäuse legen ausgedehnte unterirdische Röhrensysteme an. Und auch Rennmäuse in Menschenobhut wollen das tun. Füllen Sie möglichst viel Einstreu in den Käfig, damit Ihre Rennmäuse nach Herzenslust darin buddeln können.

Knabbern am Käfiggitter: *„Mir ist langweilig."*
→ Monotone Beschäftigungen, wie permanentes Nagen an den Gitterstäben, sind ein ernstzunehmendes Warnzeichen: den Rennmäusen ist langweilig. Jetzt wird es allerhöchste Zeit, ihnen ausreichend abwechslungsreiche Beschäftigungsmöglichkeiten und viel zum Knabbern anzubieten.

Freilauf für flinke Flitzer

Manche Rennmaushalter empfehlen viel Auslauf für die Tiere, andere sagen, man sollte die Tiere lieber gar nicht laufen lassen. Die Wahrheit liegt – wie meistens – irgendwo dazwischen. Eines aber ist klar: Rennmäuse rennen gerne. Und wenn man die Möglichkeit hat, sollte man den Tieren Freilauf gewähren, was sie auf jeden Fall sehr genießen werden. Bevor man die Tiere aber einfach im Wohnzimmer laufen lässt, sollten Sie ein paar wichtige Dinge beachten.

Rennmäuse haben einen großen Bewegungsdrang, den es zu befriedigen gilt.

Freilauf nur für zahme Tiere

Nur sehr zahme Tiere sollten Freilauf bekommen. Noch scheue Tiere lassen sich kaum wieder einfangen. Das Einfangen ängstigt solche Tiere natürlich sehr. So wird der Freilauf nicht gerade zum Vergnügen für Mensch und Tier, und die ohnehin noch scheuen Rennmäuse werden oft noch scheuer. Zahme Rennmäuse dagegen genießen den Auslauf in einem geeigneten Zimmer überaus. Wenn das Verhältnis zum Menschen sehr eng ist, werden die Tiere auch beim Freilauf immer wieder Kontakt zu ihm suchen. In so einem Fall kann man die Tiere einfach und stressfrei wieder mit der Hand aufnehmen und problemlos zurück in den Käfig setzen. Und dort wartet natürlich auch schon eine kleine Belohnung auf die Rückkehrer.

Rennmaus beim Freilauf: Achten Sie darauf, dass alle Gefahren beseitigt wurden.

Bloß keine Verstecke

Selbst zahme Rennmäuse sollten nicht in einem Zimmer laufen, das ihnen unzugängliche Versteckmöglichkeiten bietet. Was will man tun, wenn die Rennmaus sich unter dem Sofa versteckt und nicht wieder herauskommt? Das Anheben des Sofas könnte für die Rennmaus gefährlich werden. Geeignet sind also nur Zimmer mit einer übersichtlichen Möblierung, z. B. ein Flur oder vielleicht ein Arbeitszimmer.

Vorsicht: Nagezähne!

Da die Rennmäuse einen extrem großen Nagetrieb haben, muss man damit rechnen, dass sie sich am Mobiliar zu schaffen machen. Was für den Menschen aus ästhetischen Gründen nicht so angenehm ist, kann für die Rennmaus tödlich enden: frei liegende Stromkabel! Deshalb: Machen Sie erst den Gefahren-Check, bevor Sie Ihre Rennmäuse rennen lassen. Und lassen Sie auch dann die Tiere beim Freilauf nie aus den Augen.

Gefahren-Check vor dem Freilauf

→ Stromkabel sichern.
→ Türen und Fenster schließen.
→ Alle für Sie unzugänglichen Versteckmöglichkeiten beseitigen.
→ Bekannte, für Sie gut zugängliche Verstecke anbieten, z. B. das Schlafhäuschen.

So fängt man Ausreißer

Was tun, wenn sich eine Rennmaus beim Freilauf doch nicht wieder aufnehmen lassen will? Oder wenn eines oder gar mehrere Tierchen ungeplant aus dem Käfig entwischen? Dann heißt das oberste Gebot: Ruhe bewahren! Hektisches Jagen bringt nichts, Rennmäuse sind auf jeden Fall schneller. Deshalb müssen Sie mit Tricks arbeiten. Zuerst einmal müssen Sie verhinden, dass der Ausreißer in ein anderes Zimmer gelangen kann. Also: Türen zu! Aber vorsichtig, nicht dass die Rennmaus eingeklemmt wird. Dann versucht man am besten, die Tiere in eine gewohnte Umgebung zu locken, z. B. mit Hilfe des Schlafhäuschens oder eines Gefäßes, in das Sie etwas benutzte Einstreu aus dem Käfig geben. Die Tiere orientieren sich am vertrauten Geruch. Auch ein Unterschlupf, der möglichst vertraut riecht, kann nützlich sein. Füllen Sie z. B. eine Papprröhre mit etwas Einstreu und schieben Sie diese langsam auf die Rennmaus zu. Hat sich das Tier bereits verkrochen, kann es helfen, den Raum erst einmal zu verlassen, den Unterschlupf stehen zu lassen – oft findet man den Ausreißer schon nach kurzer Zeit darin wieder. Meistens sind Mensch und Rennmaus dann gleichermaßen glücklich darüber, wenn der kleine Flüchtling wieder sicher in seinem Käfig ist, denn fremdes Territorium kann die Tiere sehr verunsichern und ängstigen.

Zahme Rennmäuse lassen sich nach dem Freilauf einfach wieder mit der Hand einfangen.

Ein Abenteuerspielplatz für Rennmäuse

Ein solches Röhrensystem ist bei Rennmäusen ganz besonders beliebt.

Ein Abenteuerspielplatz, der sich immer wieder neu gestalten lässt, ist genau das Richtige, um die Rennmäuse zu beschäftigen.

Sicherer, aber mindestens genauso abwechslungsreich wie regelmäßiger Freilauf ist ein Abenteuerspielplatz für Ihre Rennmäuse, den Sie mit ganz einfachen und oft auch sehr günstigen Mitteln selbst gestalten können.

Das Zubehör

Grundlage für den Rennmaus-Abenteuerspielplatz ist eine große, flache Schale, z. B. die Unterschale eines alten Meerschweinchen- oder Kaninchenkäfigs, eine Holzkiste oder auch ein großer Karton. Gefüllt wird diese Schale dann mit der üblichen Einstreu und allem, was Rennmäusen Spaß machen könnten: Etwas zum Entdecken, etwas zum Nagen und etwas zum Naschen. So regt man die Tiere zu Bewegung und Beschäftigung an.

Spielideen mit Phantasie

Mit immer wieder neuen Ideen für den Abenteuerspielplatz wird es Ihren Tieren ganz sicher nie langweilig. Einzige Voraussetzung: Alle verwendeten Materialien müssen ungiftig und ungefährlich sein – also bitte keinen Kunststoff verwenden. Dann können Sie Ihrer Phantasie freien Lauf lassen, die folgenden Vorschläge immer wieder neu variieren, eigene Spielideen entwickeln oder auch mit dem Fitness-Food von S. 44 kombinieren.

Röhrensystem

Für Rennmäuse ungemein spannend, da sie frei lebend ja ausgedehnte Tunnelsysteme anlegen, ist ein selbst gebautes Röhrensystem. Dazu benötigen Sie Holzröhren mit seitlichen Bohrungen sowie einige Pappröhren. Diese können Sie nun zu einem verzweigten Tunnelsystem zusammenstecken, und die Rennmäuse werden auf ihrem Abenteuerspielplatz lange Zeit beschäftigt sein, um alle Gänge und Abzweigungen genau zu erkunden.

Buddelkiste

Auch Scharren, Buddeln und Graben gehören mit zu den Lieblingsbeschäftigungen Ihrer Rennmäuse. Füllen Sie also eine kleinere Schachtel oder Schale mit unterschiedlichen Materialien wie Holzspänen, Sand, Papierschnipseln oder trockenem Laub und stellen Sie diese auf dem Abenteuerspielplatz auf. Sie werden sehen, mit wie viel Begeisterung die Rennmäuse in der Buddelkiste wühlen.

Heuspeicher

Füllen Sie ein umgedrehtes Schlafhäuschen, eine kleine Holzkiste oder eine kleine Pappschachtel mit Heu. Stopfen Sie das Heu richtig gut fest, so dass die Rennmäuse sich anstrengen müssen, um jedes Hälmchen einzeln wieder herauszuzupfen. So ein Heuspeicher

Nie ohne Aufsicht — Tipp

Lassen Sie die Rennmäuse nie ohne Aufsicht auf dem Abenteuerspielplatz alleine. Die Gefahr ist zu groß, dass Sie ein Schlupfloch finden und entwischen – oder einfach über den Rand der Schale klettern und entkommen.

ist eine weitere spannende Herausforderung auf dem Abenteuerspielplatz – ganz besonders, wenn vielleicht noch ein paar Leckerbissen zwischen dem Heu versteckt sind.

Kletterbaum

Rennmäuse können zwar nicht besonders gut klettern, aber manche Tiere kraxeln dennoch sehr gerne – sie werden Spaß an einem Kletterbaum haben. Füllen Sie einen Blumentopf mit Sand und feinem Kies, und stecken Sie einen verzweigten Ast fest und kippsicher hinein. Bestücken Sie dann die Zweige mit ein paar Leckereien – das spornt an. Sie werden sehen, wie viel Spaß kleine Klettermaxe damit haben.

Heuspeicher und Kletterbaum – lassen Sie sich immer wieder etwas Neues einfallen.

Eine Strohhütte für deine Rennmäuse

Diese Hütte werden deine Rennmäuse zum Fressen gern haben

Du brauchst

→ Stroh mit langen Halmen, am besten noch mit Ähren dran
→ Baumwollfaden oder Bast
→ Schere

1. Binden

Nehme ein Bündel Stroh zusammen, etwa so viel, wie du mit deiner Hand umfassen kannst. Schneide dir ein Stück vom Faden oder Bast ab und binde das Bündel im oberen Drittel fest zusammen. Vielleicht lässt du dir dabei von jemandem helfen.

2. Zurechtschneiden

Nun schneidest du am unteren Ende alle Halme auf die gleiche Länge ab, damit die Strohhütte später gut steht.

3. Aufstellen

Jetzt biegst du das Strohbündel unterhalb des Fadens vorsichtig auseinander, so dass eine kleine Hütte entsteht, in die deine Rennmäuse hineinkrabbeln können.

4. Los geht's

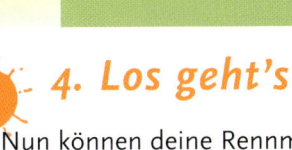

Nun können deine Rennmäuse ihre neue Strohhütte beziehen. Schau zu, was sie tun: Schnüffeln sie zuerst neugierig? Krabbeln sie in die Hütte hinein oder untersuchen sie sie zuerst einmal von außen? Sicher wird es auch nicht lange dauern, bis deine Tiere an ihrer neuen Hütte knabbern, einzelne Strohhalme zernagen, von den Körnern in den Ähren naschen und irgendwann ist die Hütte dann ganz zerlegt. Aber kein Problem – du kannst schnell eine neue bauen.

Spaß mit Köpfchen

Gehirn-Jogging für schlaue Rennmäuse

Wild lebende Rennmäuse sind viel auf Achse und müssen dabei nicht nur ihren Körper, sondern auch ihr Köpfchen ganz schön anstrengen. Damit auch für Ihre Rennmäuse gilt „mens sana in corpore sano" – ein gesunder Geist in einem gesunden Körper – lassen Sie sie immer wieder mal ein bisschen Kopfarbeit verrichten. Sie werden staunen, wie schlau und intelligent Ihre Rennmäuse sind!

> *Ein bisschen „Kopfarbeit" macht Rennmäusen Spaß und hält sie fit.*

Der Futterpfiff

Rennmäuse hören sehr gut und können verschiedene Geräusche nicht nur unterscheiden, sondern ihnen auch eine Bedeutung zuordnen. Testen Sie, ob Ihre Tiere Folgendes lernen: Jedes Mal, wenn Sie Ihren Rennmäuse einen ganz besonderen Leckerbissen, z. B. einen Mehlwurm, geben, pfeifen Sie leise dabei. Wissen Ihre Tiere schon bald, dass es bei diesem Pfiff immer etwas Leckeres für sie gibt und halten schon danach Ausschau? Und was passiert, wenn es den erwarteten Leckerbissen nicht gleich gibt?

Aufgaben für Nasendetektive

Rennmäuse hören nicht nur gut, sie sind auch echte Supernasen. Probieren Sie aus, ob Ihre Tiere echte Schnüffeltalente sind. Füllen Sie zwei Pappröhren locker mit etwas Heu. In die eine geben sie zusätzlich noch einige Leckerbissen hinein, beide kommen

dann in das Rennmausheim oder auf den Abenteuerspielplatz. Was passiert jetzt? Wie lange brauchen die Rennmäuse um zu merken, bei welcher Röhre es sich wirklich lohnt, sich durch das Heu zu arbeiten? Man kann für diesen Test auch zwei kleine leichte Schachteln nehmen – unter der einen wird etwas Leckeres versteckt, die zweite bleibt leer. Ganz klar, bei welcher sich die Rennmäuse Mühe geben werden, sie umzudrehen ...

Das Rennmaus-Labyrinth

Gehirn-Jogging gleich für mehrere Runden bietet ein Rennmaus-Labyrinth. Hier brauchen Sie zunächst einmal etwas Zeit und Geduld, um es aufzubauen, doch dann kann das Fitness-Training beginnen. Sie benötigen eine Pappschachtel und einige Streifen Pappe. Aus den Pappstreifen werden in die Pappschachtel Wände geklebt, so dass ein Labyrinth mit mehreren Gängen, Abzweigungen und Sackgassen entsteht. Und nun dürfen die Rennmäuse auf Entdeckungstour gehen. Wie schnell finden sie den Weg vom einen Ende des Labyrinths zum anderen? Wie oft landen sie in der Sackgasse? Wie viele

Versuche braucht jedes einzelne Tier, um fehlerfrei durch das Labyrinth zu laufen? Und weiß die Rennmaus den Weg auch am nächsten Tag noch?

Kleine Hilfen

Natürlich dürfen Sie Ihren Rennmäusen ein wenig helfen. Falls sie zunächst ängstlich sind und sich nicht recht vorwagen wollen, geben sie ein wenig Einstreu aus dem Käfig hinein. So ist das Labyrinth weniger rutschig und riecht vertrauter. Als Belohnung für die ersten Schritte gibt es natürlich einen Leckerbissen, und auch der Ausgang wird mit einer besonderen Extra-Belohnung markiert.

Ein selbst gebautes Labyrinth ist eine echte Herausforderung für schlaue Rennmäuse.

Verstehen und beschäftigen

Mit allen Sinnen

Sehen

Rennmäuse sind zwar keine „Adleraugen", können aber bei Tageslicht doch ganz gut sehen. Dabei reagieren sie jedoch eher auf Bewegungen als auf einzelne Gegenstände. Weil ihre Augen relativ weit seitlich am Kopf sitzen, haben sie außerdem einen recht guten Rund-um-Blick. Er hilft frei lebenden Tieren, Feinde, die sich von hinten oder oben nähern, rechtzeitig zu erkennen. Und auch Heimtiere erschrecken, wenn man ganz plötzlich von oben oder hinten nach ihnen greift.

Hören

Rennmäuse hören sehr gut. Untereinander verständigen sie sich mit hohen Fieptönen, die wir Menschen oft gar nicht wahrnehmen können. Lärm mögen sie gar nicht, deshalb sollte man auf laute Musik und Fernsehgeräusche verzichten, wenn das Rennmausheim im Zimmer steht.

Riechen

Bei Rennmäusen geht es immer der Nase nach. Mit Hilfe des Geruchsinns orientieren sie sich, erkennen sich untereinander und finden ihre Nahrung. Auf die feinen Nasen sollte man etwas Rücksicht nehmen: Der Käfig gehört nicht in die Küche mit ihren vielen Gerüchen, und duftende Seifen sollte man nicht benutzten, bevor man mit den Tieren umgeht.

Fühlen

Im Dunkeln und in ihren Tunnelsystemen orientieren sich Rennmäuse auch mit Hilfe der feinen Tasthaare rund um die Schnauze. Diese Haare reagieren schon auf feinste Berührungen und deshalb heißt es: Hier lieber Finger weg.

Lieblingsbeschäftigungen

Fressen

Die Futtersuche gehört bei frei lebenden Rennmäusen zu den absoluten Hauptbeschäftigun-
gen. In der Obhut des Menschen entfällt die auf-
wendige Suche. Damit sie nicht dick und krank
werden, sollten sich Ihre Rennmäuse für ihr Futter deshalb ruhig ein bisschen anstrengen. Also:
Das Körnerfutter nicht einfach im Napf servie-
ren, sondern im gesamten Käfig verteilen, so
dass die Tiere danach suchen müssen.

Nagen

Rennmäuse sind Nagetiere und müssen einfach
nagen. Schon alleine, um ihre ständig nachwach-
senden Zähne immer gleichmäßig abzunutzen.
Bieten Sie also viele Nagemöglichkeiten an: Heu,
das auch für den Nestbau verwendet wird, Äste
und Zweige, ein Stückchen hartes Brot, Kauknochen aus Rinderhaut, wie es sie für Hunde gibt,
oder auch spezielle Knabberstangen aus dem
Zoofachhandel.

Rennen

Rennmäuse sind – wie ihr Name schon sagt –
gerne in Bewegung. Bieten Sie Ihren Tieren viele
Anreize zu laufen, zu rennen und zu klettern: Ein
sicheres Laufrad, verschiedene Spielgeräte aus
dem Zoofachhandel, Tunnel- und Röhrensysteme, Steine und Rindenstücke oder bauen Sie
einen Abenteuerspielplatz.

Buddeln

Wild lebende Rennmäuse bauen ausgedehnte
Tunnelsysteme. Und auch Heimtier-Renner wollen gerne buddeln. Der Käfig sollte deshalb möglichst hoch mit Einstreu gefüllt werden, ein Sandbad einmal am Tag ist Pflicht – und auch für die
Fellpflege notwendig – und zur Krönung gibt es
ab und zu eine Buddelkiste mit verschiedenen
Materialien, wie Holzspäne oder trockenes Laub,
in der sich die Rennmäuse dann so richtig aus-
toben können.

Spiel- und Turngeräte

Mit dem richtigen Zubehör im Käfig oder auch
auf dem Rennmaus-Abenteuerspielplatz kann
man seine Tiere abwechslungsreich beschäftigen. Der Phantasie sind kaum Grenzen gesetzt,
so lange alle Materialien Rennmaus-tauglich sind.
Und das heißt in erster Linie: kein Kunststoff!

→ **Röhren** aus Ton, Holz, Korkeichenrinde oder
auch Pappe sind hervorragend zum Durch-
kriechen und auch Drübersteigen geeignet.

→ Schwere **Steine** kann man für die Käfiggestaltung verwenden. An ihnen nutzen sich
die Krallen sehr gut ab. Wichtig: Die Steine
nicht auf die Einstreu, sondern direkt auf
den Käfigboden legen.

→ **Häuschen, Brücken, Treppen** und andere
„Möbel" aus unbehandeltem Holz können
vielseitig eingesetzt werden.

→ **Lochziegel** kann man wunderbar mit kleinen
Futterstückchen bestücken, die sich die
Rennmäuse dann einzeln wieder herauszie-
hen müssen.

→ **Heu und Stroh**, aber auch unbehandelte
Pappe und ungefärbte Küchen- oder Papier-
taschentücher werden gerne in kleinste
Schnipsel zernagt.

→ An **Ästen und Zweigen** von ungespritzten
Bäumen und Sträuchern schnuppern und
knabbern Rennmäuse gerne, manche kraxeln sogar daran herum.

→ Ein **Sandbad** aus
sauberem, fein-
körnigem Chin-
chilla-Badesand
ist ein absolutes
Muss: Das tägli-
che Sandbad
macht nicht nur
Spaß, sondern
ist für die Fell-
pflege unbe-
dingt nötig.

Bildnachweis

Autorenfoto auf dem Umschlag und auf S. 73 von Irina Steinkamp.
Fotos S. 12 von Michael Mettler. Foto S. 18 von Sven Wolter.
Alle weiteren Farbfotos wurden von Ulrike Schanz eigens für dieses
Buch aufgenommen.

Impressum

Umschlaggestaltung von eStudio Calamar unter Verwendung
von zwei Farbfotos von Ulrike Schanz.

Mit 127 Farbfotos.

Gedruckt auf chlorfrei gebleichtem Papier

Unser gesamtes lieferbares Programm und viele
weitere Informationen zu unseren Büchern,
Spielen, Experimentierkästen, DVDs, Autoren und
Aktivitäten finden Sie unter **www.kosmos.de**

© 2008, Franckh-Kosmos Verlags-GmbH & Co. KG, Stuttgart
Alle Rechte vorbehalten
ISBN 978-3-440-11142-0
Projektleitung: Alice Rieger
Redaktion: Claudia Salata
Gestaltungskonzept: solutioncube GmbH, Reutlingen
Gestaltung & Satz: Atelier Krohmer, Dettingen/Erms
Produktion: Eva Schmidt
Printed in Germany / Imprimé en Allemagne

Register

Meine Serviceseite

www.rennmaus.de ist eine offene Plattform für alle Rennmausfreunde mit sehr vielen guten Informationen rund um die Rennmäuse. Hier kann man außerdem Fragen stellen, in Foren mit anderen Rennmaushaltern diskutieren und selbst Beiträge schreiben.

www.ig-rennmaus.de ist die Homepages des Vereins für Rennmauszucht und Tierschutz. Hier tauschen sich vom erfahrenen Züchter bis zum Neuling Gleichgesinnte aus. Der Verein übernimmt außerdem die Vermittlung und Unterbringung von Notfalltieren.

www.diebrain.de bietet einen eigenen Bereich „Rennmaus-Info". Hier findet man eine Fülle an Informationen und Tipps, u.a. eine ausführliche Futterliste mit genauen Angaben, was den Rennmäusen gut bekommt, sowie ein Download für eine Infomappe rund um die Rennmaus.

www.zzf.de ist die Homepages des Zentralverbandes Zoologischer Fachbetriebe Deutschlands e.V. Hier finden Sie eine Onlinepraxis, in der Sie Tierarzt Dr. Rolf Spangenberg Ihre Fragen stellen können.

Zum Weiterlesen

Wer sich ganz eingehend mit der Haltung von Rennmäusen beschäftigen möchte, dem sei diese sehr interessante und informative Dissertation empfohlen:
Ute Elisabeth Schluze Siever: Ein Beitrag zur tiergerechten Haltung der mongolischen Wüstenrennmaus anhand der Literatur. Dissertation Fachärztliche Hochschule Hannover, 2002.
Sie ist auch im Internet unter http://elib. tiho-hannover.de/dissertations/schulze-sievertu_2002.pdf abrufbar.